U0155513

BESTIAIRE DISPARU

Histoire de la dernière
grande extinction

消失动物图鉴

［法］吕克·塞马尔（Luc Semal）
［法］扬尼克·富里耶（Yannick Fourié）
————著

张 鸣
————译

海峡出版发行集团 海峡书局
THE STRAITS PUBLISHING & DISTRIBUTING GROUP

作者简介

［法］吕克·塞马尔（Luc Semal）

1982 年，塞马尔出生于法国里尔，现在他是法国国家自然历史博物馆的科学讲师，兼生态和保护科学中心社会生态系统团队的一员。最初他对鸟类抱有浓厚的兴趣，然后逐渐发展到昆虫、植物和真菌……自 20 世纪 70 年代以来的相关研究让他想要破解出现各种生态问题的原因。塞马尔借鉴了"绿色政治理论"（théorie politique verte）的主要思想，展示了"灾变论"如何有助于人们理解正在发生的生态变化。与此同时，他开始研究灾难性思想在自然科学中的应用，这使他对第六次大灭绝的假设产生了兴趣。

［法］扬尼克·富里耶（Yannick Fourié）

扬尼克·富里耶是一名专业的自然摄影师。在孩童时代，他就喜欢追逐动物，摆弄花园，建造小屋。25 年来，他借助摄影满足了自己对自然的热情，并与他人分享。

编写《消失动物图鉴》一书的想法成形于 2008 年底。历经五年后，本书终于付梓，其间，曾有多人为本书的创作提供过物质和精神方面的帮助。作者要由衷感谢弗雷德里克·利萨克（Frédéric Lisak）与劳拉·皮埃什贝蒂（Laura Puechberty）以及给本作问世提供帮助的 Plume de carotte 出版团队。感谢阿泰–阿尔玛·科恩（Ate-Alma Cohen）、勒内·德克尔（René Dekker）、弗兰斯·维尔布特（Frans Verburgt）、马里纳斯·胡格莫德（Marinus Hoogmoed）和其他热心提供展品的莱顿自然博物馆馆员；感谢布鲁诺·维拉尔巴（Bruno Villalba）与卡洛琳·勒热纳（Caroline Lejeune）不遗余力的帮助；还有我的老朋友玛蒂尔德·苏巴（Mathilde Szuba）。

前　言
自然历史博物馆探秘

自然生物多样性中心（Naturalis Biodiversity Center）是一座受家庭青睐的博物馆，每年平均造访人数为 252 000 人，是荷兰十大最受欢迎的博物馆之一。不仅如此，这座自然博物馆还是一所世界级科研机构。每天有 120 余名学者围绕 200 项科研课题展开工作，对生物多样性与自然和演化进行说明、探讨和教学。依托数个世纪以来收集的 3 700 万件动植物、化石和矿石藏品，博物馆以及科研中心将生物多样性作为核心主题，志在与大众分享其中的巨大乐趣。自然生物多样性中心是一个藏品质量极高又充满创造性的场所，教学与科研在这里融为一体。

为什么将动植物或化石作为科研课题呢？自然生物多样性中心与莱顿（Leyde）、阿姆斯特丹（Amsterdam）和瓦赫宁恩（Wageningen）等大学展开了密切合作，这样既方便进行科研工作，又有利于大学生实习进修。为何又要研究生物多样性呢？每块化石、骸骨或馆藏标本都能提供演化方面的珍贵信息，揭示机体的生态作用和功能并为成功保护物种做出一定的贡献。因为威胁生物多样性的因素不仅仅是气候变化，还有人类活动。不过，到目前为止仍然未知的生物可能会成为新型药品的重要成分。科研工作有助于人们在未来轻易预测到哪些物种会濒临灭绝。缺乏科研工作和相关知识，生物多样性连同人类的未来都是岌岌可危的。

探古寻今

如今，在博物馆自然藏品中，有一部分是由达尔文（Darwin）、华莱士（Wallace）或詹姆斯·库克[①] 船长等 18、19 和 20 世纪著名探险家带回欧洲的。这些标本被极其用心地陈列在众多藏品中。不过，更多标本出自那些不太知名的探险者，他们的贡献不仅限于为新奇事物博物馆提供藏品，还有他们的旅行日记、速写和带回的自然标本。今天，这些素材仍然向我们展示着其中包藏的秘密。自然生物多样性中心的学者们正沿着数个世纪以来探险家们的脚步，为研究生物多样性开启新的环球之旅。

无声的见证者

探险家们带回的动（植）物物种有一部分已经在随后灭绝了，一些被收集的标本就这样成了孤品。若想一睹它们的真容，人们只能在荷兰自然博物馆看到，别处绝无可能。本书所列动物无声地见证了人为活动是如何造成，或至少是如何加速它们消失的。

人们不禁要问："即使没有人为因素影响自然进程，不是也会有部分动物注定要消失吗？""智人"（Homo sapiens）在破

正在整理博物馆藏品的阿泰–阿尔玛·科恩和弗兰斯·维尔布特

坏了部分物种栖息环境的同时，也普遍扰乱了自然演化过程。人为影响剥夺了某些物种演化和生存的可能性。对此类消失物种进行保存是让人们时刻意识到人类会对生物多样性产生影响。这项保存工作也会提供基因来源以便人们对消失物种进行再造，未雨绸缪何乐而不为？谁又能知道这些藏品将会发挥什么作用呢？

在众多馆藏品当中，我比较偏爱塔希提矶鹬（Prosobonia leucoptera），喜欢它的原因有很多，其中一条是这例标本在世界上绝无仅有。它是詹姆斯·库克船长于 1773 年第二次旅行途中在塔希提岛捕获的。我儿时曾拜读过有关他传奇经历的作品。某次去塔希提岛旅行，我曾有幸到过这只鸟被捕获的地方，并体验了它曾经在这里生活的场景，它很可能是在这里筑巢，也可能是在那丛植物中飞来飞去觅食的。

2012 年，也就是这只鸟被捕获的 239 年后，从鸟爪中所提取的 DNA 终于揭示出它与一种现存的矶鹬存在亲缘关系。

瞧！这些消失的动物作为无声的见证者，有时依然可以为我们道出某些秘密。

自然生物多样性中心藏品负责人
勒内·德克尔博士

[①] 詹姆斯·库克（James Cook, 1728—1779）：英国探险家、航海家和制图学家，进行过三次探险航行。——译者注（若无特殊说明，全书脚注均为译者注）

序
大灭绝轶事

2006 年，一支国际科考队乘船沿中国长江而下，寻找一种被称为"白暨豚"（*Lipotes vexillifer*）的淡水海豚。白暨豚只生活在长江中，早年间它曾是某些当地传说故事中的素材。尽管这种动物的数量可能一直都不是很多，但这并不妨碍它们在此处生活了数千年。20 世纪末期，风云突变，沿江工业发展导致环境恶化，水污染、航运量增加等原因，使得白暨豚的数量跌到了一个极低的水平。科学家们意识到白暨豚不仅变成了世界上最稀有的大型哺乳动物之一，而且它们已经处在灭绝的边缘。于是，他们立即行动起来寻求资助并制订物种保护计划，以拯救野生或圈养的白暨豚。不过，被捕获的白暨豚寥寥无几，并且，它们从来没有在圈养过程中进行过繁殖，而与此同时，长江周围的工业发展仍在继续。这种情况下，于 2006 年进行的考察活动是一次近乎绝望的尝试，人们试图找到最后一批亟待保护的白暨豚。但这项工作只是徒劳，科学家们什么都没有找到且不得不承认：这种动物已经灭绝了。

白暨豚的消失教训深刻。首先，它是继 20 世纪 50 年代最后一批加勒比僧海豹死亡后首个灭绝的大型哺乳动物。其次，灭绝发生在世界上工业发展最活跃的地区之一，这再一次突显了经济发展政策和物种保护努力之间难以调和的矛盾。最后，尽管任何人主观上都不希望白暨豚灭绝，但人类还是要为其消失负很大责任，即使造成这种附带伤害并非出于人们的本意。长久以来，在对待大小事务方面，经过我们的一系列选择所产生的积累效应使得环境已经不适于野生白暨豚的生存了。

白暨豚的灭绝给我们带来了什么损失呢？可能世界上又少了一种让我们的后代为之叹为观止的物种。环境伦理学家们可能会说这种动物有权自由地活下去。生物学家们更会为失去一种特殊的淡水海豚而感到惋惜，毕竟它在人们如何更好地理解演化机制方面具有很高的学术价值。更功利一点说，经济学家可能会将其看作损失了一种潜在的旅游资源。为失去白暨豚而感到遗憾的原因错综复杂，不尽相同，甚至有时，这些原因之间都是相互矛盾的。但从生态角度来看，白暨豚的灭绝并不是孤例：它是在全球背景下，在一个人类活动使生物多样性加速消亡的较长时期内发生的事件。白暨豚的消失只不过是第六次大灭绝的冰山一角罢了。

第六次大灭绝

随着物种的诞生和消亡，生命在地球上已经存在了上亿年。生命形式的这种自然延续为其演化和多样化提供了条件。但这个过程通常极其漫长，动辄上百万年之久，而每个世纪中真正发生演化和分化的物种只是其中的一小部分。根据古生物学资料，人们可以计算出，按照这种"正常"灭绝速度，每个世纪平均只会有一种脊椎动物消失。然而，在最近的数百年间，大约有 260 种脊椎动物由于人类活动而灭绝了。换句话讲，当前的灭绝速度已经与逻辑上预期的"自然"灭绝速度大相径庭了。尽管有关加速灭绝程度的问题还有待讨论，但综合所有物种来看，今天的灭绝速度可能是物种正常灭绝速度的几十倍。

可以与这种物种灭绝速度相提并论的情况在地球生命历史上曾经出现过五次。古生物学家称其为五次"大规模灭绝"，或五次"大灭绝"，指那些生命形式多样性以前所未有的速度急剧减少的时期。最后一次大灭绝在距今 6 500 万年以前突然发生，一颗巨大的陨石坠入今天的墨西哥湾（当时印度发生的超大规模火山爆发可能更是雪上加霜）不仅加速了恐龙的灭亡，也使地球上大量其他生命形式走向了灭绝。某些物种可能消失得非常突然，其他物种则是在随后的数年及数个世纪间逐步灭绝的，但其灭绝速度一直居高不下。生态系统最终发生重组，生命再次呈现出多样化，但同时，各科灭绝的物种也不在少数。

根据理查德·利基和罗杰·卢因的说法[1]，当前的物种消失速度让人怀疑是人类点燃了第六次大灭绝的导火索。而造成这种灭绝的原因第一次由气候或地质现象转变为某个占据统治地位物种的迅速繁荣，这个过程仅用了几千年便实现了，就生态系统量级来看，相当于眨眼之间。这个物种当然就是占领各个可居住的大洲并引入世界规模之农业和工业的人类。人类领土的扩张和生产主义逻辑的普及促使众多动物物种在过去的两个世纪中加速消亡了……

---

[1] 理查德·利基（Richard Leakey），肯尼亚古生物学家，1944 年生于内罗毕。罗杰·卢因（Roger Lewin），英国人类学家和科学作家，1944 年生人。两人合著了 *The Sixth Extinction: Patterns of Life and the Future of Humankind*, Doubleday, New York, 1995, 271 p.

灾难性事件

有关第六次大灭绝的假设表明，我们这个时代所遇到的问题，是前期历史上任何一个社会都不曾遇到过的持续性问题。它的规模与 6 500 万年前的情况是一样的，对于人类来说，可谓史无前例，它已经超出了我们所能理解的现象，以至于需要人们发挥极高的想象力。因为，尽管以人的一生作为参照来看，这些物种似乎是逐渐灭绝的，但就生命的范畴来看，这更像是一个灾难性阶段。此处所谓的灾难是指一种突发的裂变，而我们由于无法置身事外而很难洞察到这种"前后"分离的骤然变化。

作为独立个体，我们每个人都沉浸在日常生

活中，这使我们无法认清第六次大灭绝的真实情况。对于生活在 21 世纪伊始的我们来说，渡渡鸟或猛犸象从来都是已经灭绝的物种，只是在阅读科普或文艺作品时才会想起人类曾经在某年某月碰到过这些动物。同样地，老虎一直在濒危动物的名单上，而从感官上我们无法意识到它们的数量在几十年间持续地减少。诚然，物种灭绝的速度有所加快，但在我们眼中，这种灭绝仍然是一个几乎不可见的渐进过程。因此，必须通过某种形式的学习才能意识到当今似乎正在发生的大规模灭绝问题。

在有关此问题的一项重要研究中，朱利安·德洛尔（Julien Delord）解释了学习比较困难的原因，物种这一概念可能被广泛地认为是一种人类学常量，相反地，物种消失绝不会是自行发生的。几个世纪当中，尽管有些物种已经消失了，但受到诸如自然轮回理论或某些宗教教义的羁绊，我们的祖先对物种消失反应迟缓。16 世纪时才有人明

确提出了物种灭绝的科学假设，到 19 世纪，学界才终于对灭绝达成了共识。而只有快到 20 世纪临近结束时，科学家们才注意到正在发生的群体性大灭绝，这个问题才开始被重视起来。也就此产生了相关的广泛学习，但进展极其缓慢。

每次有物种灭绝，人们可能只当它是一出小小的悲剧，虽然令人遗憾，但毕竟是无关紧要的孤立事件。因为从人的一生来看，所发生的灭绝寥寥无几，而我们的日常生活并没有因为物种灭绝而发生多大的变化。本作名为《消失动物图鉴》，旨在通过 69 幅已经灭绝或几近灭绝动物的肖像来敲响第六次物种大规模灭绝的警钟。本书按照时间顺序罗列了若干小故事，意在告知人们，我们已经被卷入了一个前所未有的重大历史时期，早在我们诞生以前，它就已经开始了，并且很可能延续到我们灭亡之后：这就是生物多样性全球大动荡时期。

物种灭绝与生物多样性

本图鉴中所示的消失动物是从荷兰莱顿自然博物馆标本中挑选出来的藏品。它们中的大部分与实际灭绝物种一一对应，但也有几种动物不过是某些已经消失的亚种，甚至是尚未获得科学确认的动物群，例如开普狮或布氏斑马。我最终还是决定要在本书中谈一谈它们，原因是：首先是由于目睹此类动物走向衰亡的科学家们确实将它们的消亡视为灭绝。而另一个原因是，无论如何，生物多样性的消失问题涉及诸多方面，不能仅仅将其归结为物种灭绝。生物多样性实际上可以同

时指世界上所有生态系统的多样性，每个生态系统内物种的多样性以及每个物种内部亚种和个体的多样性。某一物种的灭绝通常只是一个较长过程后表现出的结果，在这个过程中，局部种群相继消失，一直轮到最后一个群体的灭绝。每个种群或亚种的消亡都会整体削弱生物多样性，只提物种灭绝不足以说明全部问题。

正因为如此，本图鉴中收集的 69 幅动物肖像只部分呈现了当前大灭绝的概况。它们大部分是哺乳动物和鸟类，偶尔涉及两栖和爬行动物。不

幸的是，这是所有同类作品都不可避免的通病。长久以来，使人们有足够兴趣去观察的只是那些脊椎动物，以至前人的这种记忆通过故事和博物馆藏品成功地传递给了我们。当某种鸟类或是哺乳动物消失时，会有很多人哀其不幸并将其铭记于心。而当消失的动物是某种鱼类、蜥蜴或蟾蜍时，人们可能就会不屑一顾。这太令人遗憾了，两栖类等动物是世界上最濒危的生物群。对于软体动物和昆虫等无脊椎动物，除非是十分罕见的情况，否则大众，甚至是科学家们自己都会对它们的消失一无所知。因此，有人认为，特别是在毁林或潮湿地带环境恶化的情况下，许多物种甚至在被发现和描述之前就已经灭绝了。

所以，尽管消失的鸟类和哺乳动物只是灭绝动物的冰山一角，但它们构成了有文字记载的灭绝动物主体。总体来看，脊椎动物只是全球野生动物中的一小部分（估计只占动物物种的 1% 到 5%）。除了那些无声无息间消失的无脊椎动物，还要算上同样遭受此次大灭绝之苦的多种植物和真菌。因此，这种现象所影响的是整体生物多样性。而我们对那些叫不上名字的消失物种缺乏了解和认识，这更表明我们还远远未能弄清自己正在参与的是个怎样的过程。

然而，尽管程度各不相同，我们几乎无一幸免地都参与了第六次灭绝。对于气候变暖，人们有时会说"大家多多少少都该对此承担责任"。而透过生物多样性的消亡，我们也能看到这种类似责任分担制度的影子，其中，无数直接或间接造成土地人为改造或环境退化的微小决定，极大地淡化了每种此类决定应负责任的重要性。除了采取应急保护计划之外，我们愈加需要与生产主义思想决裂，因为它会加快第六次灭绝的进程，而这种进程在未来是致命的。此事迫在眉睫，因为一旦生物多样性的平衡被打破，我们的社会就将难以维系，并且会危及诸如耕地、饮用水、渔业资源等人类社会赖以生存的若干资源。

吕克·塞马尔

大灭绝的小故事

第一章

史前灭绝

———————

　　两个世纪以来，不断被发现的骨骼化石表明，在尚未有文字记载的时期和地方，人类活动已经造成了许多动物物种的消失。由于缺乏直接证据，多数要靠古生物学家来解释过去到底发生了什么事情。尽管如此，有待人们解决的问题还有很多。猛犸象与冰河时期的其他欧洲野生动物是由于遭到过度捕杀而灭绝的吗？气候变化是否也是造成它们灭绝的原因之一？对于这些动物来说，问题比较容易理解。相反，更多的情况是，人类每到达一块新的土地，灭绝浪潮便随之而来：大约 45 000 年前澳洲的情况就是如此，而 12 000 年前的美洲则极有可能符合这种理论，同样的例子还有不足千年之前，在马达加斯加和新西兰发生的事件，这两座岛屿曾经是许多本土动物的庇护所。本章将介绍几种很久之前就已经灭绝的动物，我们连它们大概长什么样子都不甚了解，而正是它们的消失拉开了第六次大灭绝的序幕。

丽纹双门齿兽

哺乳纲 双门齿目 双门齿科 学名：*Diprotodon optatum*

- 体长：约 3 米；马肩隆高：约 2 米。
- 约 45 000 年前灭绝。
- 澳洲原特有种。
- 双门齿兽类有多个种类，丽纹双门齿兽是其中体形最大的一种。

澳洲王中王

19 世纪以来，考古学家在澳洲发现了多种令他们惊叹不已的巨型有袋类动物的骨骼化石。有些动物与现代有袋类动物相似，只不过体形要大得多：有山羊那么大的巨型针鼹以及可达两米多高的巨大袋鼠。不过其他一些动物与已知生物毫无关联，人们未找到存活至今的近似相关物种。其中包括一种袋狮（*Thylacoleo carnifex*），但也有不少被称作"双门齿兽"的巨型草食动物。它们中最大的是丽纹双门齿兽，它和犀牛差不多大小。被我们称为"澳洲巨型动物群"的所有巨兽在最近几十年间成了科学界讨论的热点。争论的焦点围绕该巨型动物群是为什么，以及如何在几万年前消失的。在很长一段时间内，大部分科学家将它们的集体灭绝归结于一场气候变化，它使澳洲大陆逐渐变得干旱，直到将适应速度过慢的物种淘汰；这些物种的体形通常比较庞大。而其他科学家倾向于第二种假设，虽然要证明这种假设也很困难，在他们看来，所有这些巨型动物都遭到了首批澳洲原住民的捕杀，直至灭绝。自 20 世纪 60 年代开始，随着化石遗骸断代法的改进，人类行为导致这类生物灭绝的说法得到了进一步巩固。整个澳洲巨型动物群似乎都是在约 45 000 年前消失的，也就在同一时代，人类占据该片大陆的最初痕迹得以留存了下来。这并不是说当地原住民的祖先进行了大规模的屠杀，更有可能是他们杀死了足够多的个体，由此加速了繁殖较慢动物物种——大型动物的灭亡，双门齿兽就属于这类动物。这种理论似乎在大方向上说得过去，但细节还有待进一步探讨，双门齿兽灭绝原因之争还远没有画上句号。

Onderkaak van een buideldier
Diprotodon australis Owen
Pleistoceen
Australië

洞　熊

哺乳纲　食肉目　熊科　学名：*Ursus spelaeus*

- 体形：后腿站立高度达 3.50 米。
- 约 25 000 年前灭绝（另有说约 10 000 年前）。
- 原生活在欧洲的物种。
- 现代棕熊的近亲。

虚构与现实

从欧洲一直到俄罗斯西部，考古学家们在洞穴中都曾发现过数以千计的巨大熊类骸骨。这些遗骸属于洞熊，这种物种在最近一次冰河期与起初的尼安德特人以及后来的现代人共同生活过上万年。与许多当代熊类一样，洞熊会在洞穴中进行长达数月的冬眠，人类为了保命，也许经常借此机会对它们发起攻击，从而将其避难所据为己有。

很快，史前科幻题材作者们便醉心于描述我们的祖先是如何用木制和石制武器与这些巨兽展开较量的。洞熊也因此成了 20 世纪初 J-H · 罗尼（兄）（J.-H. Rosny aîné）作品里的代表性角色，而它后来也成了美国作家琼 · 奥尔（Jean Auel）小说的座上宾。不过，现实中的人熊之战可能没有小说中描写的那样惊心动魄，因为史前人类绝对不会轻易攻击成年雄性洞熊，相比之下，体形明显较小且危险程度不太高的母熊和小熊更容易成为袭击的目标。随着人类数量逐渐增长，这种有选择的捕猎可能对该物种的繁衍速度造成了影响。

确实，25 000 年前，大部分洞熊已经从它们最初分布的地区消失。这几乎就是冰川刚刚达到其顶峰的时间，即冰盖在欧洲的覆盖面积达到最大值的那几千年。如大多数其他动物物种一样，洞熊觅食越来越困难，出于自然因素，它们的数量可能出现大幅度减少。不过，有些学者认为，气候迅速变化使得洞熊已经脆弱不堪，而此时人类数量增长带来的竞争对加速洞熊的灭绝起到了决定性作用。最后一种假设也充满争议，该假设认为有少量洞熊群体可能存活了下来，甚至在边远地区一直生活到距今 10 000 年前才消失。

大角鹿

哺乳纲　偶蹄目　鹿科　学名：*Megaloceros giganteus*

- 体形：马肩隆高达 2 米。
- 约 7 000 年前灭绝。
- 原广布亚欧大陆的物种。
- 曾经存在过其他多个种类的大角鹿，现都已经灭绝。

爱尔兰驼鹿？非也

在亚瑟·柯南·道尔（Arthur Conan Doyle）的小说《失落的世界》（*Le Monde perdu*）里，主人公们在史前动物经常出没的丛林中艰难前行，突然，他们看到了一只巨大的鹿科动物："从树杈间望去，能看到远处苍翠的山坡上，一种硕大的深棕色动物正在奔跑。如果像约翰爵士所说，那是一只鹿的话，它应该和巨型爱尔兰驼鹿一样大，在我的家乡，人们曾经在泥炭沼里发现过爱尔兰驼鹿的化石。"

此言不虚，几十年以来，人们曾经在爱尔兰的泥炭沼里发现过很多巨型鹿角，其形状与驼鹿的鹿角相似。几副宽度超过 3 米的最大号鹿角被当地贵族当作战利品挂在墙上，而那些小一些的鹿角则被村民们当作围栏材料，有时甚至拿它当作跨越小溪的便桥使用。化石数量如此集中让这种动物得了一个绰号——"爱尔兰驼鹿"，就好像这是一种史前爱尔兰独有的岛内物种似的。然而

大角鹿并非一种驼鹿，并且不是只在爱尔兰生活过，而是曾经分布于亚欧大陆的大部分地区……所谓的"爱尔兰驼鹿"属于最近一次冰河期的巨型鹿种，很可能在欧洲范围内遭到了史前人类的猎杀。科学家长期以来一直认为，大角鹿的灭绝是其鹿角过大而导致它们非常不便在森林环境下逃生造成的。但是到了 1974 年，在与现代鹿种进行比较之后，古生物学家斯蒂芬·杰·古尔德（Stephen Jay Gould）证明，这些鹿角的大小完全与鹿身成比例……这种鹿绝对不可能生活在森林里，而更应生活在干草原和冰冻苔原上。因此，实际上大角鹿与其生活环境十分匹配，应该是气候回暖改变了它们的栖身之所，才导致它们最终灭绝。最后几只大角鹿可能死于 7 000 年前的东西伯利亚，而我们根本无法确定最后种群的灭亡是否和捕猎有关。

真猛犸象

哺乳纲　长鼻目　象科　学名：*Mammuthus primigenius*

- 体形：马肩隆高有时超过 3 米。
- 约 4 000 年前灭绝。
- 原生活在亚欧和北美大陆的物种。
- 曾经存在过其他种类的猛犸象，其中包括岛生矮化猛犸。

冻结在极北之地

数千年来，人类与猛犸象一同生活，不光吃它们的肉，用它们的象牙雕刻出小雕像，还把它们的形象画在洞穴的岩壁上。有些人还用它们的骨头和皮毛来建造窝棚。这么说来，早期人类就是猛犸象的主要捕猎者吗？并不一定，很多早期人类仅满足于从自然死亡的猛犸象骨架上捡拾骨头和皮毛。尽管如此，若干标本上都留有标枪造成的伤口痕迹，这意味着史前猎手们一有机会也敢于袭击这些庞然大物。

所有冰河期巨兽中最有名的要数被冻结于极北之地的猛犸象。从 17 世纪末开始，人们从西伯利亚和阿拉斯加的冰层中发现了各个年龄段的真猛犸象化石，并试图从这些化石中了解与其同时代的其他哺乳动物的生态状况。借此，我们更加明确地知道了真猛犸象的外貌特征，例如它们皮毛的颜色，还有饮食习惯，因为某些化石的胃部还残留着最后一餐的痕迹。由于被冻结了数千年，这更为猛犸象增添了几分神秘色彩。某些科学家期望通过克隆出一些个体，使猛犸象获得重生……但是他们要走的路还很长，因为基因材料在冰层中存留的时间过久，导致其质量不甚理想。

由于猛犸象的遗骸以冰冻的形式历经数千载而保存了下来，这太不可思议了，以至于有人相信有为数不多的猛犸象幸存了下来，直到绝迹。在一部名为《史前幸存者》（*Un survivant de la préhistoire*）的小说中，作者杰克·伦敦（Jack London）甚至想象一位猎人讲述其在 19 世纪末是如何在俄国偏远地区杀死了最后一头猛犸象的。不过，真猛犸象实际上早在 12 000 年前就已经消失了。它们的消失很可能是被猎杀和栖息地缩小等综合因素影响造成的。最后一小群已发生轻微矮化的猛犸象在现在俄罗斯的弗兰格尔岛（Wrangel）又存活了 8 000 多年，但在第一批人类踏足这里后不久，这批猛犸象也最终灭绝了。

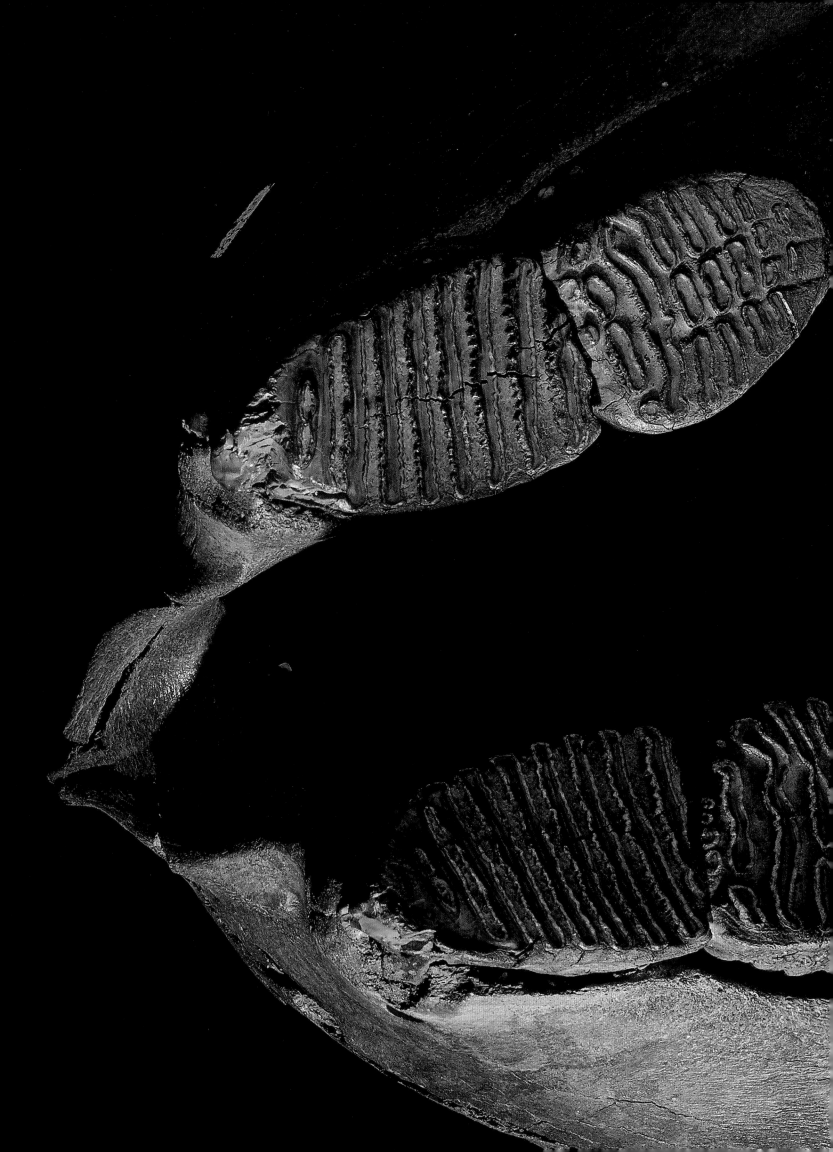

恐 鸟

鸟纲　驼形目　恐鸟科　此处学名：*Emeus crassus*

- 体形：（根据种类）1 米到 3 米高。
- 可能于 1400 年至 1500 年之间灭绝。
- 新西兰特有种。
- 我们如今认为曾存在过十余种不同的恐鸟。

鸟骨背后的故事

1839 年，英国古生物学家理查德·欧文（Richard Owen）接待了一位来访者，这个与他素不相识的人执意要见他。陌生人说他来自新西兰，并为专家献上了一块硕大的骸骨碎片，据这个人讲，这根骨头可能属于某种大概已经灭绝的巨型鸟类。看着这根碎骨头，理查德·欧文起初觉得这不过是个骗局，甚至抱怨那个人拿一根普通的牛骨来浪费自己的时间。但是来访者坚持要求欧文同意将这根碎骨和博物馆中的藏品进行比对……第二天早，欧文重新做出了判断并向来访者确认这是一种大型鸸鹋的股骨头部分。旋即，他向科学界的同行们宣布自己坚信新西兰曾经存在过一种巨型鸟类，并且很快就会有新的证据支持这一观点。

此言不虚，证据接踵而来。自 19 世纪 30 年代末开始，一些新西兰殖民者就对相似的骸骨产生了兴趣。其中一位叫威廉·科伦索（William Colenso）的人从毛利人那里得知有一种巨型鸟类曾经生活在附近的山里：一种被叫作"恐鸟"的巨大禽类，并长着近似人类的面孔。但似乎走访过的当地人中没人亲眼见过它们……在对这座山进行考察的过程中，人们确实发现过一些骸骨，但它们不是鸟类的骸骨。于是科伦索高价悬赏新的骸骨，以便激励搜寻者们。不久之后，人们就在洞穴、河床、沟谷中发现了完整的动物骨架，从中可以辨认出十余种不同的物种。在更加干燥的山区，人们甚至找到了几具被自然风干的恐鸟躯体。

但是，没人发现过任何活体恐鸟，这让某些人的希望落了空。考古学家倒是在新西兰早期居民的食物垃圾堆中找到了大量的遗骨，这证明恐鸟曾经在几十年间遭到过大规模的猎杀。这种鸟类的繁殖周期很长，因此它们的数量可能急剧下降，最后几只恐鸟可能于 15 世纪就灭绝了。

象 鸟

鸟纲　鸵形目　象鸟科　学名：*Aepyornis maximus*

- 体形：可达 3 米高。
- 可能于 1650 年左右灭绝（年代不确切）。
- 马达加斯加岛特有种。
- 曾存在过数种象鸟，今均已灭绝。

神鸟的原型

《一千零一夜》（*Mille et Une Nuits*）里，水手辛巴达在四海游历的过程中遇到过一种能产下巨蛋的大鹏——罗克鸟（*Rokh*）。有些人在马达加斯加岛找到了这种神话动物的原型，这种体形最大的鸟类在此生活了数个世纪，而人类从未与它们谋过面，我们后来给这种大型鸵鸟类动物命名为"象鸟"。据此理论，可能是从马达加斯加岛归来的阿拉伯水手对象鸟蛋那夸大其词的描述催生了罗克鸟的神话故事。不过，这个绚丽的故事可能永远无法被证实或证伪。

但可以确定的是，马达加斯加岛的居民确实采集过象鸟蛋，并把它们当作容器使用，甚至直到较近的一段历史时期还是如此。一枚 30 多厘米高的鸟蛋，它的容量相当于 180 枚鸡蛋。所以，从鸟窝中获得的鸟蛋足够一次性供多个家庭食用，这种行为很可能是该物种数量锐减的主要原因。然而，某些证据显示至少到 16 世纪欧洲人登陆马达加斯加岛时，依然有象鸟存活着。甚至在 1658 年，法国在马达加斯加的总督艾蒂安·德弗拉古元帅（Étienne de Flacourt）还写道："象鸟[1]，一种出没于安帕特雷（Ampatres）[2]沼泽的大鸟，像鸵鸟一般产蛋。这是一种鸵鸟类物种，当地人已经捕捉不到它们了，只能去更边远的地区才行。"

艾蒂安·德弗拉古是亲眼见到过这种鸟还是依据过时的二手资料做出的描述？我们不得而知，不过，很可能再早几十年，欧洲人就能见到象鸟了。冒险深入岛内探寻后，科学家们终于先后带回了鸟蛋碎片和完整的鸟蛋，并把它们摆放在 19 世纪末的藏品室与珍奇屋内的显著位置。1894 年，小说家赫伯特·乔治·威尔斯（H. G. Wells）借此题材创作了小说《象鸟岛》（*L'Île de l'aepyornis*）。书中，一名水手流落到某座荒岛上，他在此找到了一枚巨大的蛋并成功孵化了它，孵出的象鸟起初成了他唯一的伙伴，但不久后，随着鸟体形变大，攻击性增强，水手越来越感到忧心忡忡……

---

[1] 此处原文为 Vouron patra，出自马达加斯加语对象鸟的称呼。
[2] 马达加斯加安德罗伊地区（Région Androy）的旧称。

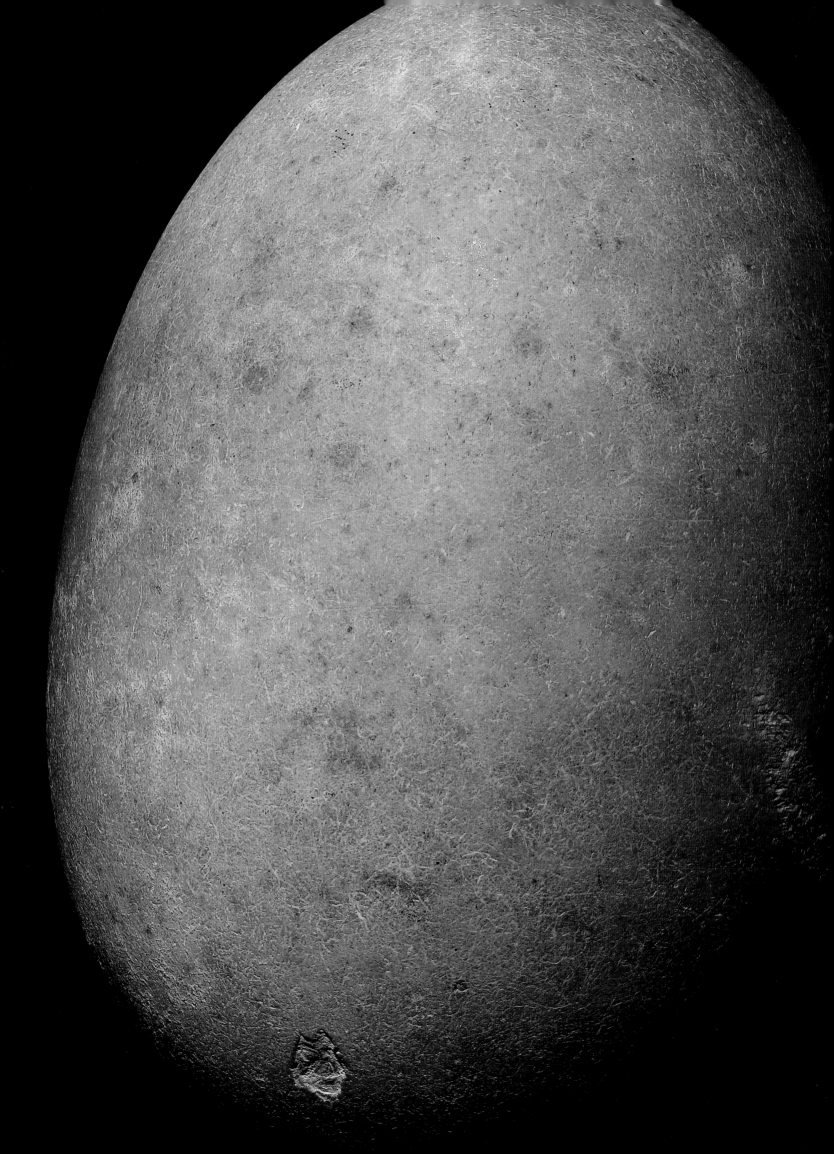

第二章

探险与殖民

(1681—1945)

　　1681年，渡渡鸟从毛里求斯岛消失成为动物灭绝史上的重要转折点。它是第一种在灭绝前被人们观察和描述过的动物，尽管这种描述仍过于笼统，但观察者至少将其对渡渡鸟的部分印象在书面上记录了下来。这些直接证据使后代人们对这种鸟的灭绝过程有了更加具体的认识。随着欧洲列强不断在全世界探寻新大陆并建立殖民地，类似的灭绝悲剧又重复上演，并愈演愈烈。从一座岛到另一座岛，从一群岛屿到另一群岛屿，殖民者的到来扰乱了当地环境，他们在自然栖息地内进行耕作，并引入了具有侵略性的捕食物种或竞争物种，此外，殖民者的到来还造成了过度捕猎……此类现象尤其影响岛生物种，不过，某些亚、非、美洲大陆和澳洲的陆生物种也就此消失了。濒临灭绝的物种成了收藏家和学者们的最爱，经常有标本被博物馆收藏。也就是在这一时期，人们开始首次试图对物种进行保护，尽管尚在摸索阶段，但已经为后续更加成功的尝试奠定了基础。

渡渡鸟

鸟纲　鸽形目　孤鸽科　学名：*Raphus cucullatus*

- 体长：约1米。
- 1681年左右灭绝。
- 毛里求斯岛（印度洋马斯克林群岛）特有种。
- 无现存相近物种，与现代鸽类是远亲。

灭亡动物的代言

　　1500年之际，几乎所有庇护着特有生物的大型群岛均已有人类居住或被探访过。马斯克林群岛是仅有的几处例外之一，以至于欧洲航海者们得以在这片处女地上一探究竟。特别是在毛里求斯岛上，他们登岛后不久便发现了一种肥胖的走禽，由于不存在天敌，它们已经丧失了飞行能力，航海者们称之为愚鸠。这种动物非常适于食用，甚至有些人将它们看作"岛上最佳野味"。愚鸠在有生之日就饱受嘲笑："大自然犯下的错误"，"披着羽毛的乌龟"，甚至是"有辱生灵的东西"。林耐[1]最初称之为 *Didus ineptus*，这个词恰好是其肥胖身形的写照。甚至其土名"渡渡"也表示迟钝和愚蠢！不过，"滑稽"的外形让这种鸟类在"文明"世界家喻户晓，以至于勾起了一些人的兴趣：他们希望将一些鸟类标本带回欧洲作为稀罕物件进行展出，甚至还想驯养它们。今天我们对当初的尝试知之甚少，只是知道这些尝试肯定都失败了。最后一只渡渡鸟最终于1681年左右从毛里求斯岛消失，仅有的几例标本随后也毁于寄生虫。

　　然而，渡渡鸟的故事并没有就此完结。自从1801年官方确认其灭绝开始，渡渡鸟的名气倍增，各大博物馆马不停蹄地清点各自仅有的渡渡鸟遗骸，而愚鸠开启了自己为灭绝动物代言的死后事业。1898年，赫伯特·乔治·威尔斯以此故事为灵感创作了《星际战争》（*La Guerre des mondes*），只不过角色反转，外星人携其战争机器发起了进攻，自信满满的主人公宽慰其妻……浩劫之后，主角借此苦叹："毛里求斯岛上，某只令人敬佩的渡渡鸟本可以审时度势，对于前来捕食岛上动物的船只，它应该这样说，'亲爱的，明天我们就去啄死他们'！"

---

[1]　卡尔·冯·林耐（Carl von Linné，1707—1778）：瑞典博物学家。

塔希提矶鹬

鸟纲 鸻形目 鹬科 学名：*Prosobonia leucoptera*

- 体长：约18厘米。
- 1777年后绝迹。
- 塔希提岛和莫雷阿岛（太平洋社会群岛）原特有种。
- 与土岛鹬（*Prosobonia parvirostris*）是近亲。

詹姆斯·库克的乘客

对参与詹姆斯·库克（James Cook）三次环球旅行的博物学家来说，这是收集未知物种标本的大好机会。其中某些物种今天已经成为馆藏稀世珍宝，这其中包括一直到18世纪末还生活在塔希提（tahitiens）海滨的矶鹬。

1773年，借库克第二次出航之机，德国博物学家约翰·福斯特（Johann Forster）首次观察到了这种涉禽，并将一例矶鹬标本带回了欧洲。1777年，博物学家威廉·安德森（William Anderson）医生对这种相对普通的物种进行了描述，并轻易地就收集到了另外两例标本，但从此以后这种鸟便销声匿迹了。

塔希提矶鹬的灭绝如此之快，以至于人们都没来得及弄清它的习性和生存环境。根据这种鸟类飞走时发出的鸣叫声，塔希提岛当地人称它为"托洛特"（*torote*）或"托洛姆"（*torome*）。现代人猜想，可能是在地上筑巢的矶鹬更容易被欧洲航海者无意间引入的老鼠所捕食。群岛上的其他特有种，例如黑额鹦鹉（*Cyanoramphus zealandicus*）也遭到了同样的命运，于1844年灭绝。

1787年，库克在旅途中还曾获得过三只塔希提矶鹬，英国鸟类学家约翰·莱瑟姆（John Latham）对这二只矶鹬进行了检查，并在互相比对后做出了尽可能详细的描述。但之后的事情变得扑朔迷离，其中两个矶鹬标本从记录中消失了，且未留下任何线索，第三个标本则被荷兰莱顿自然博物馆收藏，而其过程无人知晓。有人猜测博物馆是在1819年从英国博物学家威廉·布洛克（William Bullock）的藏品拍卖中购得此鸟的，该博物学家收藏的标本数以万计，这只塔希提矶鹬就是其中之一，还有许多其他的"未知鸟类"。拜这笔秘密交易所赐，该鸟成为荷兰科学界收藏中的一件珍品，吸引着来自全世界的学者。

罗岛鞍背陆龟

爬行纲　龟鳖目　陆龟科　学名：*Cylindraspis vosmaeri*

- 体长：85 厘米。
- 1795 年左右灭绝。
- 罗德里格斯岛（印度洋马斯克林群岛）原特有种。
- 陆龟属（*Cylindraspis*）包括五种巨型龟类，现均已灭绝。

长途旅行必备鲜肉

"有时会看到 2 000 到 3 000 只龟成群结队地聚在一起，我们可以脚不沾地踩着它们走上百余步。而晚间，它们会一个挨着一个地聚在阴凉处，就像给地面铺上了一层砖石"，这是 1708 年探险家弗朗索瓦·乐高（François Leguat）所描述的马斯克林群岛龟群的生活场景。那时，在毛里求斯岛上生活着两种特有陆龟（毛岛圆背陆龟和毛岛鞍背陆龟）；罗德里格斯岛上有两种陆龟［罗岛圆背陆龟（*Cylindraspis peltastes*）和罗岛鞍背陆龟］；留尼汪岛上则有一种陆龟［留尼汪岛陆龟（*Cylindraspis indica*）］。当时的记录声称龟类数量众多，但它们在短短几十年间就完全消失了。

大量证据证明马斯克林群岛龟类具有食用价值。1761 年，议事司铎潘格雷[①]这样讲述其在罗德里格斯岛上的生活："在该岛生活的两个半月中，我们几乎不吃其他食物，而只吃龟汤、炖龟肉、焖龟肉、龟肉丸子、龟蛋、龟肝脏……这就是我们唯一的菜品。对我来说，这种肉似乎吃不腻。"某些医生也发现这种食物具有对抗坏血病的疗效。因此，在这些岛屿停靠的船只也习惯于捉一些活龟上船并将它们一个个吃掉。由于这些龟即使长时间不进食也不会饿死，所以非常适于在船上存储并为整艘船上的人长途旅行提供新鲜龟肉。

这种风气的盛行对龟类种群的影响是灾难性的，限捕措施于 1671 年首次出台。1710 年，每人每年限捕龟 6 只，而到了 1715 年，违法捕龟的惩处变得更加严厉……然而一切都是枉然：毛里求斯岛上的两种特有陆龟于 1735 年左右消失，罗德里格斯岛陆龟在 1795 年和 1802 年前后灭绝，而留尼汪岛陆龟于 1840 年前后绝迹。类似的故事在大多数有巨型陆龟栖息的岛屿上又不断上演，使大量物种及其亚种灭绝，塞舌尔群岛和加拉帕戈斯群岛等地的种群数量也被大大削弱了。

[①] 亚历山大·盖伊·潘格雷（Alexandre Guy Pingré, 1711—1796）：法国天文学家兼航海地理学家。

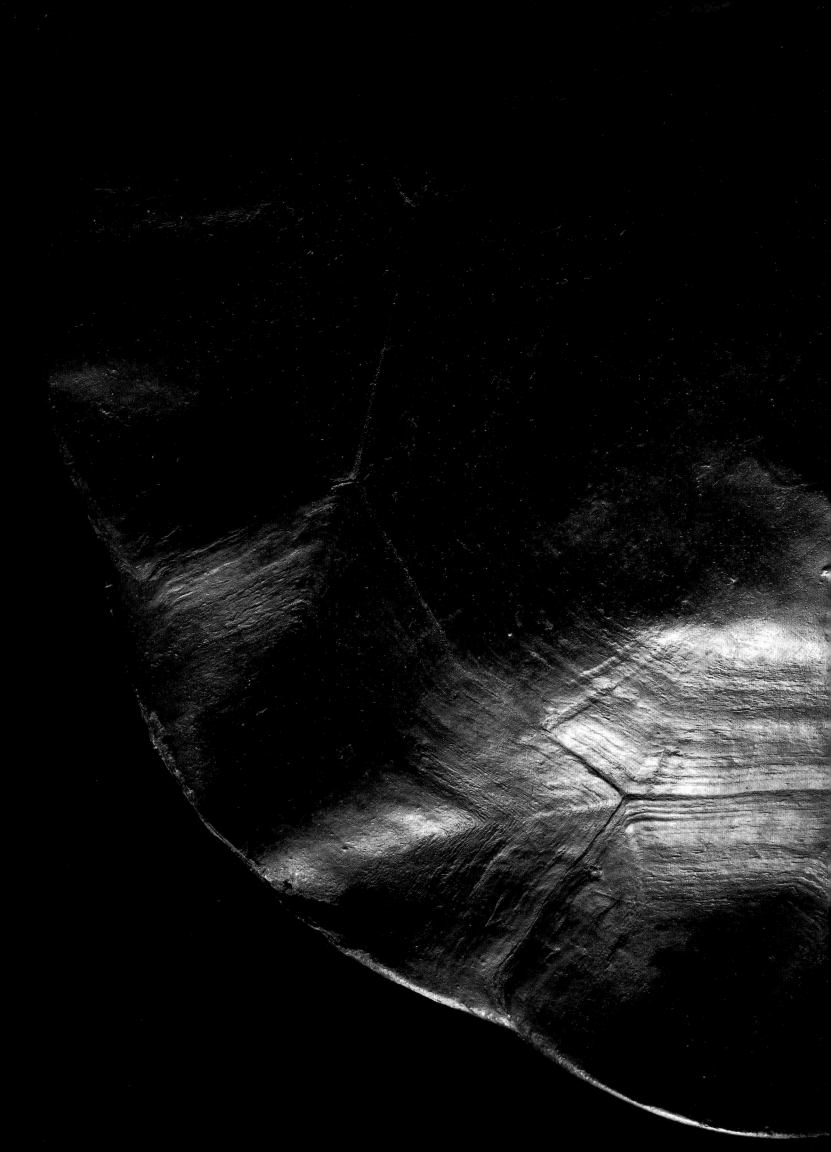

蓝背弯角羚

哺乳纲　偶蹄目　牛科　学名：*Hippotragus leucophaeus*

- 马肩隆高：约1米。
- 1800年左右灭绝。
- 原栖息在南非最南端的物种。
- 与黑马羚（*Hippotragus niger*）和马羚（*Hippotragus equinus*）是近亲。

追忆丝绒蓝

17世纪，到达南非的第一批欧洲殖民者声称看到了几群野生蓝色山羊！长久以来，博物学家们只获得了这方面的疑似证据。直到1719年，也就是德国博物学家彼得·科尔布（Peter Kolb）在南非生活七年后，他才证实了这种动物的存在。尽管最初它的外形及娇小的身材让人联想到山羊或小羚羊，但实际上它是弯角羚属，并与长角羚属是近亲。其颜色是黄色和黑色皮毛混杂后的结果，这些皮毛在光的反射下呈现出一种丝绒般质感的蓝色。

随后其他证据突出表明，这个物种的数量并不多。1774年，瑞典博物学家卡尔·彼得·通贝里（Carl Peter Thunberg）将这一现象归结于该动物对捕食者疏于防范："这种动物确实常常忽视对其幼崽的保护，导致幼崽成了猛兽的口中餐。据说，这可能是这一物种数量稀少的原因。"但是实际上，似乎还有其他更具决定意义的因素，尤其是人们为了获得颜色鲜艳的羚羊毛皮以及羚羊肉（某些殖民者用羚羊肉喂养他们的狗）而捕杀蓝背弯角羚。并且，受当时农业扩张的影响，羚羊不得不承受栖息地被破坏之苦。自1800年开始，德国动物学家马丁·利希滕施泰因（Martin Lichtenstein）就宣称最后一批蓝背弯角羚已经在不久前被杀光了。由此，它们也成了有历史记录以来第一种消失的非洲哺乳动物。

不过，其后的考古学家提出，欧洲人只不过是加速了此类脆弱物种的灭绝。在此之前，蓝背弯角羚可能生活在广阔的区域内，而随着公元400年左右畜牧业被引入南非生态系统，这种羚羊的栖息地才开始缓慢地变小。欧洲人到来时看到的可能只是遗留下来的蓝背弯角羚群体，而他们很快就把火枪对准了这些羚羊。1796年，这个物种已经十分稀少，最后关头收集到的四张羚羊皮为它那抹丝绒般的蓝色留下了一丝遗迹。今天，这些皮毛被保存在巴黎、斯德哥尔摩、维也纳和莱顿等地的博物馆中，只是历经岁月沧桑后，它们已经失去了往日的色彩。

笠原朱雀

鸟纲　雀形目　燕雀科　学名：*Carpodacus ferreorostris*

- 体长：约 20 厘米。
- 1828 年后灭绝。
- 父岛（île Chichi）特有种 [属于小笠原群岛（archipel d'Ogasawara），旧称博宁（îles Bonin）诸岛]。
- 与启利氏地鸫（*Zoothera terrestris*）同时消失。

消失的启利氏鸟类

位于日本本州以南 1 000 千米外的小笠原群岛较晚才有人类居住。直到 19 世纪 20 年代，不管是日本还是欧洲的航海者，都鲜有人从这里经过，即使偶有经过，也绝不逗留。1827 年以后，随着英国航海家弗雷德里克·比奇（Frederick Beechey）的到访，人们才加快了探索群岛的进程。随船船员在父岛上收集了多个未知鸟类的标本，其中包括一种特有的朱雀——笠原朱雀。

1828 年，一艘执行科考任务的俄国护卫舰"谢尼亚文号"（*Séniavine*）中途停靠于群岛。船上的乘客中有大名鼎鼎的普鲁士鸟类学家海因里希·冯·启利氏（Heinrich von Kittlitz）。于群岛短暂逗留期间，启利氏不仅观察并记录了笠原朱雀的习性，还额外多取了几个样本。他还发现了一种本地特有的小型鸫：启利氏地鸫——先前的来访者似乎都忽视了这种鸟的存在。可他还不知道，他所提供的有关这两个物种习性的简要记录，最终成了再无下文的孤本。在那之后，尽管科考队一再光顾这个群岛，但再也没见到笠原朱雀和启利氏地鸫的踪影。

19 世纪 20 年代伊始，老鼠便在这些岛屿上安了家，它们也许是从沿海遇难船只上逃到这里的。由于之前小笠原群岛上从未出现过食肉性哺乳动物，岛上的鸟类面对威胁毫无准备，多个当地种群很可能在若干年间就衰落了。特别是在 1830 年，人类定居父岛后首次引入了猫、狗、猪、山羊等动物，使环境压力骤增，森林砍伐加剧。1889 年，路过群岛的物种收藏爱好者将另外两种已知鸟类的标本搜刮殆尽，而这两种鸟类也在启利氏数十年前记录的范围之内：它们分别是小笠原杂色林鸽（*Columba versicolor*）和博宁岛夜鹭（*Nycticorax caledonicus crassirostris*）。如今，小笠原群岛的多个动植物物种还面临着灭绝的危险。2011 年，联合国教科文组织将该群岛列入世界自然遗产名录。

库赛埃岛辉椋鸟

鸟纲　雀形目　椋鸟科　学名：*Aplonis corvina*

- 体长：超过 25 厘米。
- 1828 年左右绝迹。科斯雷岛（île Kosrae）特有种［旧称库赛埃岛（île Kusaie），属于加罗林群岛（îles Carolines）］。
- 与 1995 年灭绝的暗色辉椋鸟（*Aplonis pelzelni*）是近亲。

一面之缘

　　1826 年至 1829 年间，普鲁士鸟类学家海因里希·冯·启利氏曾经乘俄国舰船"谢尼亚文号"环游世界，为圣彼得堡皇家科学院进行科学考察。这次旅行中，他收集到了 19 世纪最重要的一批博物学标本，并发现了许多物种，其中有不少物种在被发现之后的若干年内就消失了。事后总结来看，其中被发现的最具代表性的动物是库赛埃岛辉椋鸟：它是一种形似小嘴乌鸦的大型黑色椋鸟，似乎在人们第一次观察到这种鸟类的活体之后，它们便销声匿迹了。

　　库赛埃岛，现称科斯雷岛，是太平洋加罗林群岛中最靠东部的岛屿之一。岛中心藏有一片保留着原始状态的山区，山势陡峭，密林丛生。1827 年 12 月，启利氏就是在这里发现了少量黑色椋鸟群体，从一开始，启利氏就觉得这是一种相对稀有的动物。不过，他还是捕到了至少 5 例标本，这些标本现藏于圣彼得堡博物馆和莱顿博物馆。可是，启利氏为此直接写成的若干鸟类观察记录却变成了孤本。

　　无论人们在之后的科学考察中付出了多少努力，他们再没有发现过库赛埃岛辉椋鸟的任何踪迹。例如：1880 年德国鸟类学家奥托·芬舍尔（Otto Finsch）连该种鸟类的影子都没有见到。鉴于岛上最难进入的小型山区还没有被考察过，人们仍保留着一丝希望。不过 1931 年"惠特尼南海大探险"[①]过程中，人们在经过该岛时对这片山区进行了科考，最终证明库赛埃岛辉椋鸟确实已经灭绝。与此形成对比的是，树林中居住着大量的鼠类，此前的几十年间，有捕鲸船不断在库赛埃岛做中途停靠，这些老鼠无疑是从船上逃到这里定居的。数量激增的老鼠是辉椋鸟的致命捕食者，这让它们及岛上的其他鸟类都猝不及防。似乎启利氏在 1827 年发现的另一种鸟类——库岛田鸡（*Porzana monasa*）也遭遇了同样的命运，人类与它们只有一面之缘。

---

① Expédition Whitney dans les mers du Sud/Whitney South Sea Expidition: 1920 年至 1941 年由美国富商哈利·佩恩·惠特尼（Harry Payne Whitney）资助的一次科考活动，目的是为美国自然历史博物馆搜集鸟类标本。

德拉氏马岛鹃

鸟纲　鹃形目　杜鹃科　学名：*Coua delalandei*

- 体长：约 55 厘米。
- 1834 年后绝迹。圣玛丽岛（île Sainte-Marie，马达加斯加岛外海）原特有种。
- 马达加斯加岛现存 9 种本地杜鹃。

海盗与蜗牛

象鸟、倭河马、巨狐猴……马达加斯加岛上的野生动物曾经是世界上最奇特的一群物种，直到第一批马达加斯加岛居民将大部分大型动物都赶尽杀绝。16 世纪欧洲人的到来又一次对岛上的生物多样性造成了冲击，加速了该岛特有新物种的消亡，其中包括德拉氏马岛鹃，这种蓝色陆生杜鹃在 1834 年后彻底绝迹。仅有的几位见证者在书面记录中写道，这种鸟会采食雨林地面上的蜗牛，并且，与其他杜鹃不同的是，它们很可能会自己哺育雏鸟。可以确定的是，德拉氏马岛鹃曾生活在马达加斯加岛东北方向 50 多千米外的圣玛丽岛的雨林中。人们好像从那里采集了 13 只标本，如今，这些标本散落在世界各地。圣玛丽岛比较独特，其海岸遍布许多优良港湾，因此在 17 世纪和 18 世纪成为海盗们的避难所，是名副其实的海盗之岛，曾有许多大名鼎鼎的海盗光顾这里，如约翰·埃夫里（John Avary）[1]、奥利维耶·勒瓦瑟[2]。该岛因此闻名遐迩，并且其对本

地区经济和地缘政治的影响不容小视。但是，这种变化给该岛野生动物带来的多是负面影响：先是引入了鼠类和猫，接着是砍伐森林，这让习惯于在地上生活的德拉氏马岛鹃的生存处境变得十分危险，最终一蹶不振。

直到 20 世纪 20 年代，还有不少证人宣称马达加斯加本岛上生活着另外一群德拉氏马岛鹃。特别是，他们强调该岛东北沿岸的原住民仍在捕猎这种鸟类，用它那宽大的蓝色羽毛做生意。因此，有人曾在 1932 年重金悬赏该鸟类标本，希望有人能将其带回塔那那利佛（Antananarivo）[3]，但寻鸟之人都一无所获。据猜测，当地原住民用来交换商品的羽毛来自另外一种当地动物——蓝马岛鹃（*Coua caerulea*），它的样子与德拉氏马岛鹃十分相似，以至于激发了搜集者们的想象力。德拉氏马岛鹃可能从来就只生活在海盗之岛上，直到该岛森林遭到严重破坏后它们才消失。

---

[1] 即亨利·埃夫里（Henry Avery，1659—1696 后），英国海盗。
[2] 奥利维耶·勒瓦瑟（Olivier Le Vasseur，1690—1730），法国海盗，绰号"枪口"。

[3] 马达加斯加首都。

牙买加巨草蜥

爬行纲　有鳞目　蛇蜥科　学名：*Celestus occiduus*

- 体长：约 40 厘米。
- 1840 年左右灭绝。牙买加原特有种。
- 巨草蜥属现存 30 余种，全部生活在安的列斯群岛（Antilles）、中美洲或墨西哥。

冒牌毒蜥

　　某些消失的鸟类和哺乳动物，如渡渡鸟和塔斯马尼亚虎（袋狼）已被大众所熟知。其获得的名誉和博取的同情有助于人们正视物种灭绝问题。反观那些消失的蜥蜴类，其名气则不能与前面几种动物相提并论，常常只有专业人士才对它们有所了解。不过，海岛蜥蜴的种类众多，其中不少种类因遭到人类过度捕杀、栖息环境恶化或是新型捕食者的出现而灭绝了。

　　安的列斯群岛是蜥蜴受到上述现象影响最严重的地区之一，尤其是因为该地区特有种比较丰富。欧洲殖民者过早地在此地定居让人们相信某些物种可能在有记载之前就已经灭绝了。有关首批安的列斯爬行动物灭绝的记录可追溯到 1840 年，那是最后几例牙买加大型丛林蜥蜴—— 牙买加巨草蜥标本露面的时间。英国动物学家乔治·基尔斯利·肖（George Kearsley Shaw）曾于 1802 年描述过这种动物，并且知道当地人对它的信奉："根据早年间史学家的说法，牙买加民众认为这种蜥蜴是岛上毒性最强的爬行动物，任何生物被它咬上一口均无康复的可能。这种说法当然是毫无根据的。世界上少数几种有毒的蜥蜴生活在墨西哥靠近美国西南边境的地方。"

　　想当初，牙买加巨草蜥很可能是因为獴的大量繁殖而遭殃，而后者是被引入岛内来对付蛇类的。这些捕食者给岛上的其他爬行动物也带来了沉重的压力，以至于险些在 20 世纪 40 年代末酿成第二种爬行动物—— 牙买加鬣蜥（*Cyclura collei*）的灭绝。尽管困难重重并且鬣蜥一度被认为已经灭绝，人们还是于 1990 年在保护程度相对较高的丛林地区再次发现了 50 余条鬣蜥，这个数量已足够通过圈养繁殖计划拯救这一物种。但这种救助终究只是无奈之举，临近岛屿上还有其他种类的蜥蜴正处于濒临灭亡的危险境地。

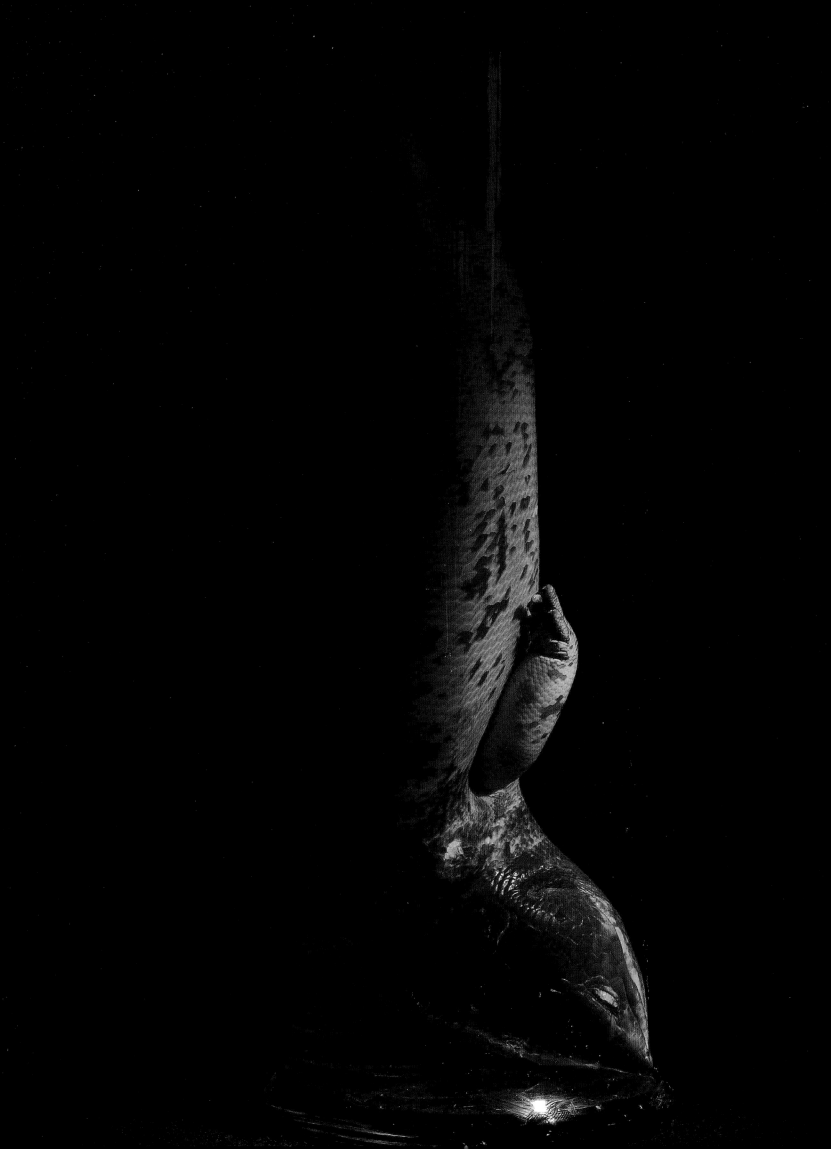

大海雀

鸟纲 鸻形目 海雀科 学名：Pinguinus impennis

- 体长：约 80 厘米。
- 1844 年灭绝。
- 生活在美洲、格陵兰岛和欧洲等地海岸的物种。
- 与现代海雀科动物，尤其是刀嘴海雀（Alca torda）是近亲。

最大和最笔挺的海雀

根据 17 世纪末某位专栏作家的描述："海鸟中数大海雀个头最大，身形最为笔挺。"不幸的是，它也是北半球最肥硕、最容易被捕获的海鸟之一。它不仅不能飞翔，而且每年必须上岸进行繁殖，由此形成了被称为"海雀聚居地"的巨大动物群居地。1908 年，法国作家阿纳托尔·法朗士（Anatole France）便将其以德雷弗斯事件（affaire Dreyfus）为原型的讽刺小说《企鹅岛》（L'Île des pingouins）的主人公安排在了某个聚居地之中。

根据考古学家在史前遗迹中发现的骸骨，人类可能至少在 50 000 年前就开始捕食大海雀了。但只有那些最易于人类靠近的聚居地首先遭了殃，其他聚居地则安然无恙。后来，随着欧洲人发现美洲大陆并在此殖民，情况变得复杂起来。越来越多的船只在北大西洋往返穿梭，并在这些海雀聚居地做中转停靠，以便获得海雀的羽毛、蛋和肉。法罗群岛（îles Féroé）聚居地于 18 世纪消失，在更远的纽芬兰岛（Terre-Neuve）上，有史以来最大的海雀聚居地维持到了 1800 年左右，而 1814 年之后，格陵兰岛（Groenland）上就再也见不到这种鸟类了。不久，世界上只剩下唯一一个海雀聚居地——冰岛外海的盖尔菲格拉火山岛（îlot volcanique Geirfuglasker），该岛交通非常不便，以至于罕有拾蛋者能够进入此地。可是 1830 年的一场火山爆发造成了该岛屿的崩塌和消失，少数死里逃生的海雀不得不在邻近的艾德雷（Edley）岛上筑巢，可是这里对于捕猎者来说更容易到达。收藏者为冰岛渔民开出了高价，让他们搜集大海雀的尸体和蛋，这种情况使该物种数量变得异常稀少。因此，人们再次展开大肆猎杀，直到 1844 年，最后一对大海雀被发现、勒死并出售，而它们唯一的蛋则被打碎并丢弃给食腐动物享用。如此悲怆的结局让大海雀成为冰岛和盎格鲁-撒克逊国家中家喻户晓的标志性消失物种。

白足澳洲林鼠

哺乳纲　啮齿目　鼠科　学名：*Conilurus albipes*

- 体长：可达 50 厘米（包括尾部）。
- 1845 年灭绝。
- 澳洲东南部原特有种。
- 与被列为"近危"物种的刷尾林鼠（*Conilurus penicillatus*）是近亲。

野猫初踏澳地　林鼠终成菜肴

50 000 年以来，澳洲曾经历了三次灭绝浪潮，使得当地特有的有袋类和啮齿类动物受到了严重影响。第一次灭绝浪潮发生在距今约 45 000 年前，来自印度尼西亚的人类首次踏上了这片大陆，仅仅在几个世纪之内，澳洲巨型动物群就全部灭绝，这可能主要归咎于人类对它们的猎杀。第二次灭绝浪潮来袭的时间较晚，大约发生在距今 5 000 年前，它使得本地最后两种有袋类食肉动物——生活在塔斯马尼亚岛的袋獾和袋狼慢慢地消失了。这次，人类也负有责任：一方面，他们在这一时期将野狗引入了澳洲，间接造成了野生动物的消亡；另一方面，当地人口快速增长并且捕猎技术也不断完善，直接造成了野生动物的灭亡。

澳洲野生动物第三次灭绝浪潮始于 19 世纪中叶，那时，欧洲殖民者刚刚来到这里不久。这次灭绝的主要是小型物种，从一个地区到另一个地区，它们的数量锐减，最终从这片大陆上消失。在本次澳洲灭绝物种中，白足澳洲林鼠首当其冲，它的情况是这样的：它曾是澳洲最大的啮齿类动物之一，外表与松鼠类似，曾遍布该岛的东南部地区。从首批欧洲殖民者的描述来看，这种动物还是比较常见的，但会经常祸害粮食。不过，它们在随后非常短的时间内便所剩无几了，直至 1845 年完全消失。

人们还未能真正对白足澳洲林鼠展开研究，它们就已经消失了，所以，要想弄清它们突然灭亡的原因非常困难。大多数讨论将矛头指向了欧洲鼠类带来的疾病或农业加工方式对其生存环境的改变。不过，有一种猜测更具有说服力，那就是迅速占据整个澳洲南部的野猫将白足澳洲林鼠当作了盘中餐。

白令鸬鹚

鸟纲　鹅形目　鸬鹚科　学名：*Phalacrocorax perspicillatus*

- 体长：约1米。
- 1850 年左右灭绝。
- 阿留申群岛（îles Aléoutiennes，北太平洋白令海峡）原特有种。
- 全世界尚存 20 余种鸬鹚，其中有多种濒危。

黄泥烧野味

1741 年，航海家维他斯·白令（Vitus Béring）发现后以其名字命名了这个海峡，他在返回阿留申群岛的途中遭遇海难。船上的幸存者在这些未经勘查的冰封岛屿上挣扎了数月之久，直到重新建好了逃生船只为止。这些人当中就有德国博物学家格奥尔格·威廉·施特勒（Georg Wilhelm Steller）。借在此停留的机会，他发现了不少未知物种，其中包括一种眼睛带白圈的大型鸬鹚，人们马上谑称它为"眼镜鸬鹚"。在其测试记录中，施特勒将它描述成"体形较大，愚蠢、笨拙，几乎不能飞翔"的鸟类。据称，这种鸬鹚的肉不怎么受欢迎，但施特勒认为这是一种"美味"。因此，遇难逃生人员大量捕杀这种鸬鹚并享用它们的肉："这种鸬鹚有六七千克重，所以一只鸟就足以供三个人充饥。"那时，尽管只分布在少数几座岛屿，白令鸬鹚的数量还是相对较多的。然而，当施特勒和其他幸存者在岛屿间巡回考察时，更多的捕猎者便开始在群岛范围内搜寻北极狐和海獭，以便获得它们的毛皮……对所有新的来访者来说，白令鸬鹚是少数几种可以获取的食物之一。有证据显示，通常使用"原始"方法来烹饪这种鸟类：未经去毛的整只鸬鹚被裹上黄泥，然后放到炭火中煨烤。这样一来，眼镜鸬鹚的末日也就不远了。德国博物学家彼得·西蒙·帕拉斯（Peter Simon Pallas）还曾在 1769—1774 年西伯利亚考察期间见到过活着的白令鸬鹚，这就是它们还被称作"帕拉斯鸬鹚"的原因。1837 年，俄国政府曾捕获过 7 只鸬鹚并将其做成标本。它们是第一批也是最后一批该种鸟类的标本，并且无缘被博物馆收藏。不久之后的 1850 年，白令鸬鹚似乎就完全消失了，没准最后一只鸬鹚也是被裹在泥里离开了人世。1882 年，挪威裔美国鸟类学家莱昂哈德·斯泰内格（Leonhard Stejneger）曾在（阿留申）群岛盘桓了数月，但没有发现任何白令鸬鹚的踪迹，当地人说：已经有 30 多年没见过这种鸟了。

留尼汪椋鸟

鸟纲　雀形目　椋鸟科　学名：*Fregilupus varius*

- 体长：约 30 厘米。
- 1850 年前后灭绝。
- 留尼汪岛（印度洋马斯克林群岛）原特有种。
- 可能与印度椋鸟相近。

来自家八哥的竞争

　　尽管一提到马斯克林群岛灭绝动物，人们就会想到著名的渡渡鸟，但是该群岛还有许多其他物种也在几十年间灭绝了。其中包括一种长有较大白色头冠的鸟类，在很长一段时间内，观察者们从远处望见它们时都认为这种鸟类可能是戴胜的近亲，不过实际上它们是椋鸟家族中最奇特的物种之一。这种鸟只产于留尼汪岛（旧称波旁岛），19 世纪初，它们的种群数量还很多，足以对农作物构成破坏。

　　19 世纪 30 年代，有多位证人提到他们曾捉到过留尼汪椋鸟并将它们养在笼子里。它们非常易于喂养，对水果和土豆都来者不拒。1835 年，几只经驯化的椋鸟被带到毛里求斯岛上并逃走了，以至于有些人相信它们在该岛上扎下了根，但似乎不久之后就被杀光了。也是在这一时期，人们收集到最后一批该物种的标本并将其送至博物馆保存至今，随后的 19 世纪 40 年代，它们的数量突然锐减，从此一蹶不振。多年以后，留尼汪植物学家兼医生欧仁·雅各布·德科尔德穆瓦（Eugène Jacob de Cordemoy，1835—1911）讲述了他见证这种鸟类灭绝的经历。在德科尔德穆瓦的童年时期，他一次狩猎就能打回几打留尼汪椋鸟。之后，他前往巴黎学医十余年，等他 1860 年左右再回到故乡时，却连一只留尼汪椋鸟都见不到了："我永远无法原谅自己曾经猎杀鸟类的行为，即使那是微不足道的狩猎活动，现在我对打猎完全丧失了兴趣，哪怕是最丰厚的战利品也无法让我动心。"

　　然而，尽管狩猎确实使这一物种变得脆弱不堪，但当今有一些人仍认为这种解释并不完善。留尼汪椋鸟在几十年间确实遭到了打击，但这不足以清楚解释它们的数量在 19 世纪 40 年代迅速降低。还有人猜测是因为人们引入了另一种竞争性椋鸟——家八哥（*Acridotheres tristis*）。也许，它们在繁殖的过程中也给群岛上的鸟类带来了新的疾病。

诺福克卡卡鹦鹉

鸟纲　鹦形目　鸮鹦鹉科　学名：*Nestor productus*

- 体长：约 38 厘米。
- 1851 年灭绝。
- 诺福克岛（île Norfolk）原特有种。
- 与另外两个物种啄羊鹦鹉（*Nestor notabilis*）和卡卡啄羊鹦鹉（*Nestor meridionalis*）是近亲。

鹦鹉中的大嗓门

1774 年库克船长发现诺福克小岛之后，1788 年那里迎来了一批犯人，并且他们的规模迅速扩大起来。岛上兴起的伐木活动对当地野生动物造成了严重影响，又赶上多次饥荒，岛上大量野生鸟类被当作食物，这对它们来说可谓雪上加霜。根据 1790 年在该岛停留的美国海员雅各布·内格尔（Jacob Nagle）所讲："除了鹌鹑、几种大鹦鹉、啄食野花椒的小鹦鹉，还有与家鸽颜色相同的野鸽子之外，该岛的陆生鸟类屈指可数，而且，我们在离岛之前已经大大削减了它们的数量。"

相关鸟类中最奇特的可能要数诺福克卡卡鹦鹉。1774 年陪同库克一道出航的德国博物学家约翰·莱茵霍尔德·福斯特第一次鉴别出了这种在中空树干中做窝的大型鹦鹉，它们的叫声响彻天际。据说，殖民初期，诺福克岛及旁边的菲利普岛上还生活着许多诺福克卡卡鹦鹉。可是，从 19 世纪 30 年代起，旅行收藏者的日志上就再也没有出现过关于它们的记录了。它们很可能由于人类直接捕杀或因所栖息的森林被毁而从该岛消失了。

不过，几只圈养的诺福克卡卡鹦鹉在诺福克岛以外的地方作为宠物还生存了相当长的一段时间。因此，著名鸟类学家约翰·古尔德（John Gould）某次得以一睹这种鸟类的真容："我在悉尼时曾有幸见到过安德森少校养的一只鹦鹉，它的举动着实吸引了我，那异于其他种类鹦鹉的行为让我相信它是那么与众不同，它对一切都充满好奇。这只鸟没有被关在笼子里，可以楼上楼下到处走动，但它的动作并不像一般鹦鹉那样一步三摇，而是完全像鸦科鸟类一样连续跳动。"或许这就是最后那批诺福克卡卡鹦鹉中的一只吧，因为据说最后一只诺福克卡卡鹦鹉于 1851 年前后死于伦敦的鸟笼中。

古氏拟鼠

哺乳纲　啮齿目　鼠科　学名：*Pseudomys gouldii*

- 体长：约 20 厘米。
- 1857 年左右灭绝。
- 原遍布澳洲南部的特有种。
- 澳洲和新几内亚现存 20 余种拟鼠属动物，其中多个种类濒临灭绝。

无声无息间消失的鼠类

当欧洲殖民刚开始登上澳洲大陆时，他们就发现了几种数量庞大的当地特有啮齿类动物，包括古氏拟鼠。根据 19 世纪 40 年代之前在各地都能捕到这种鼠类以供博物馆收藏的情形来看，似乎这种动物曾一度遍布澳洲南部地区。它们曾经盛极一时的另一个证据是：人们曾在澳洲东南部夜行猛禽的食丸中发现过古氏拟鼠的头骨。因此，现代人猜测这是一种在澳洲殖民地建立初期相当常见的动物。也正是出于这个原因，古氏拟鼠在 19 世纪 50 年代末的突然灭绝，让人们不禁对此打了个大大的问号。根据博物学家约翰·古尔德当时收集的资料，以其名字命名的小型鼠类生活在被绿草覆盖的山坡上，它们在松软的土地上打洞，筑巢深度为 15 厘米左右。一些科学家倾向于将古氏拟鼠的灭绝解释为其生存环境发生了变化，而这可能与家畜进入这一地区有关。其他科学家则猜测可能是被引入澳洲的欧洲鼠类导致了非本地疾病的传播，而古氏拟鼠对这些疾病没有免疫能力。还有最后一种可能，那就是野猫被引入澳洲东南部地区加速了古氏拟鼠的灭亡。

无论如何，由于缺乏当时的资料和证据，我们无法就原因给出定论。它们在不经意间就消失了，可能在殖民者眼里，古氏拟鼠只不过是一种毫无价值的啮齿动物。威廉·布兰多夫斯基[1]曾于 1857 年在澳洲进行了为期数月的科考，其间在当地人的协助下，他收集到了一批非常重要的物种标本，其中包括最后几只古氏拟鼠的标本。在这之后，古氏拟鼠便在当地消失了。为寻找古氏拟鼠付出的任何努力均无所获。

---

[1] 威廉·布兰多夫斯基（William Blandowski，1822—1878），德国动物学家，矿产工程师。

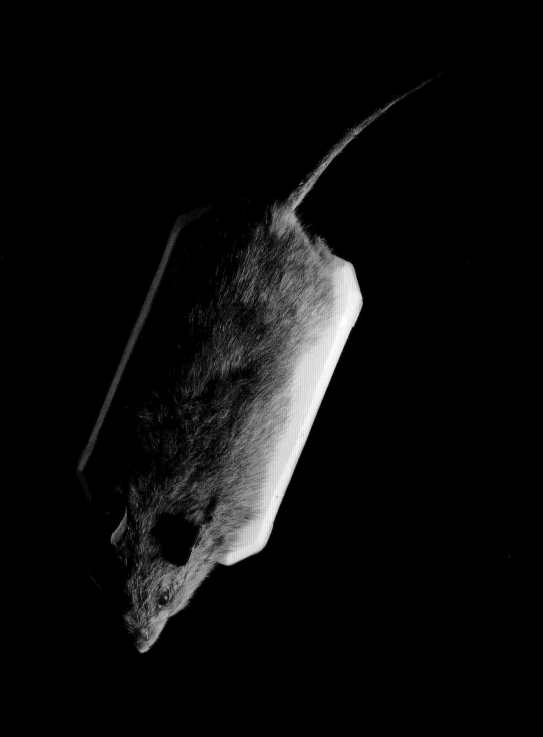

开普狮

哺乳纲 食肉目 猫科 学名：*Panthera leo melanochaitus*

- 体长：可达 3 米（包括尾巴）。
- 1865 年灭绝。
- 原生活在南非的一个亚种。
- 现代基因分析对其亚种地位提出了质疑。

利文斯通的噩梦

这种狮子有强壮的身躯、暗色的鬃毛，它极其凶猛并且会毫不犹豫地攻击人类……如果这些证据可信，那么开普狮已经让几代南非殖民者胆战心惊。据称，直到 1800 年前后，这种危险的食肉动物还在夜间出没于开普敦市的近郊，并发出阵阵吼声。不过，越是让人害怕的动物越能激发猎手们将其作为战利品的欲望，不久后，他们逐渐深入腹地去猎取狮子那充满诱惑力的黑色鬃毛。1844 年，著名探险家大卫·利文斯通（David Livingstone）险些命丧狮口，而咬伤他手臂（伤口直到其离世都没有完全愈合）的狮子很可能就是最后几只开普狮中的一只。提起最后一只开普狮，它于 1865 年在纳塔尔（Natal）地区被捕杀。

前后几十年之间，人类与开普狮之间的关系是如此惊心动魄，以至于在这种狮子消失一个世纪之后，印象中那华丽的黑色鬃毛依然萦绕在某些狂热的开普狮搜寻者的脑海里。过去，鉴于几百只非洲狮曾被捕获并被出售给全世界的马戏团和动物园，开普狮的后代有可能尚存于某地。2000 年传来好消息：人们在俄罗斯的一所动物园内发现了几只比较纯种的个体。它们马上被送回了南非，在那里，人们启动了原始开普狮亚种再造项目。某些人就此认为开普狮已起死回生，并将其名字从灭绝动物亚种名单中拿出，放入幸存圈养动物亚种清单，并期待最终拯救这一物种。

可是到了 2006 年，人算不如天算！一项 DNA 研究充分断定：没有证据证明开普狮是一种截然不同的亚种。它只不过是非洲狮（*Panthera leo*）的一个南部种群而已，从基因上看与现今依然生活在德兰士瓦（Transvaal）地区的狮子十分相近。那么，难道从来就不存在什么灭绝后又被重新发现的开普狮吗？从生物学角度讲，今后不少学者都会认为没有存在过开普狮。但是，在人们的意识和故事里，开普狮无疑还完完整整地活着。

沙氏秧鸡

鸟纲　鹤形目　秧鸡科　学名：*Gallirallus sharpei*

- 体长：约 28 厘米。
- 唯一的标本见于 1865 年。
- 发源地位置不详，可能位于东南亚某个岛屿。
- 有时被认为是红眼斑秧鸡（*Gallirallus philippensis*）的一个变种。

（插图中为红眼斑秧鸡。）

一百五十年之谜

秧鸡是一种十分低调的水禽，它们大多生活在植物茂盛、人迹罕至的潮湿地区。因此，要想见到它们着实不易，以至于人们还没来得及了解它们的习性，就有多种秧鸡消失了。这类秧鸡主要是一些分布在岛屿或群岛上的特有种，由于老鼠的到来和生存环境遭到破坏而迅速灭绝。这种情况下，某些种类的岛生秧鸡甚至是在被人们发现之前就已经不复存在了。神秘的沙氏秧鸡就符合这种情形，世上仅存的一只沙氏秧鸡标本被收藏在莱顿博物馆。1865 年，博物馆从一位阿姆斯特丹商人手中购得了此标本，商人不记得这只动物的准确出处，并将其认为某种南美洲鸟类的幼鸟。不过，1893 年，英国动物学家理查德·鲍德勒·沙普（Richard Bowdler Sharpe）和瑞士动物学家约翰·布希科斐（Johann Büttikofer）对此猜测提出了质疑，而沙普则更加大胆地断言这是一只成鸟，属于一种未知秧鸡，并建议将其命名为沙氏秧鸡。这两位科学家坚持认为这种鸟来自南美洲，并期待有其他博物学藏品来证实或反驳这种猜测，不过并没有其他藏品出现。慢慢地，人们认为莱顿博物馆中所收藏的唯一秧鸡标本是世上独一而二的藏品，这种动物确实已经灭绝了。

20 世纪末，美国鸟类学家斯托尔斯·奥尔森（Storrs Olson）却旧事重提，推断说沙氏秧鸡与另一种生活在新西兰、澳洲和印度尼西亚的普通鸟类——红眼斑秧鸡十分相似。至今仍流传着两种假设：沙氏秧鸡要么是曾在该地区某个岛屿上生活过并且确实已经灭绝了，要么只是略区别于红眼斑秧鸡的一个变种。沙氏秧鸡的交易已经过去了 150 年，这只独一无二标本的谜底尚未被完全揭开。

新西兰鹌鹑

鸟纲　鸡形目　雉科　学名：*Coturnix novaezelandiae*

- 体长：约 20 厘米。
- 1875 年左右灭绝。
- 新西兰原特有种。
- 尤其与现生活在澳洲大陆和塔斯马尼亚岛的澳洲鹌鹑（*Coturnix pectoralis*）是近亲。

寻常的野味

詹姆斯·库克在 1769—1770 年的第一次探险中曾于新西兰逗留，同船的英国博物学家约瑟夫·班克斯（Joseph Banks）曾指出那里生活着大量的鹌鹑。但是，这位博物学家本人以及后来的观察者们并没有对这种鸟产生多大兴趣。直到 1827 年，跟随探险家儒勒·迪蒙·迪维尔（Jules Dumont d'Urville）一同登上"星盘号"（*Astro-labe*）的博物学家们才采集了几例鹌鹑标本。它们最终来到欧洲并被巴黎博物馆收藏。直到 1830 年，人们经过研究确认这些鹌鹑属于一个全新的物种。

与此同时，欧洲殖民者已经习惯在新西兰大量猎杀这种鹌鹑了。据 19 世纪初的某位证人讲，单单 1 天就可以猎回 40 余只鹌鹑，这没什么出奇的。直到 19 世纪 40 年代末，那些令人瞠目结舌的狩猎记录也证明了这个物种依然数量繁多。然而在其后的 20 年间，新西兰鹌鹑的数量似乎突然间一落千丈，其速度之快令猎人们和博物学家都措手不及。而曾经某些试验表明这个物种可较好地适应圈养生活，但没有任何种群受到过保护。1869 年，人们对见到这种动物还比较肯定，而到了 1875 年，这种鸟只可能被偶尔观察到了。

为了解释新西兰鹌鹑数量下降如此之快的原因，人们提出了不少假设：过度捕杀，殖民者带来的鼠类和犬类捕食者，放火将鹌鹑的避难所和窝巢付之一炬……但最具决定性的因素恐怕还是其他种类的雉鸡和鹌鹑被引入了新西兰，它们身上很可能携带着当地鹌鹑无法免疫的疾病。某种兽疫迅猛地灭绝了该物种，这一设想或是最佳解释。不幸的是，新西兰鹌鹑已经完全灭绝，到 21 世纪初期，人们仍对缇里缇里马塔基（Tiritiri Matangi）小岛上生活着极少量的新西兰鹌鹑抱有一丝希望，虽然这里也存在着捕食动物……然而在 2009 年，基因分析最终确认这只不过是在数十年前被引入这里的少量褐鹌鹑（*Coturnix ypsilophora*）罢了。

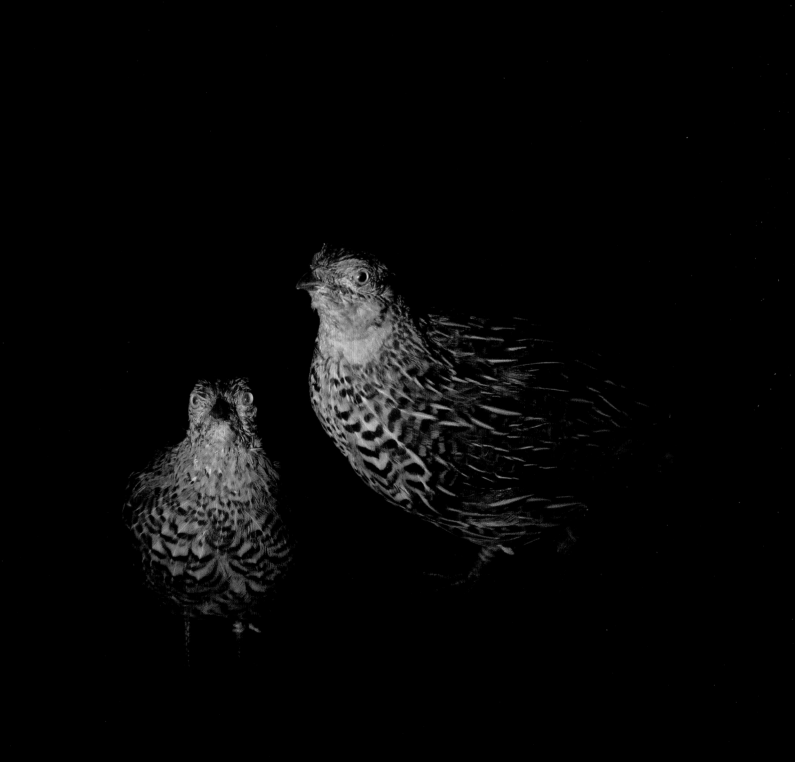

拉布拉多鸭

鸟纲　雁形目　鸭科　学名：*Camptorhynchus labradorius*

- 体长：约 55 厘米。
- 1875 年灭绝。
- 原生活在北美洲加拿大东部以及美国东北部沿海的物种。
- 是拉布拉多鸭属（*Camptorhynchus*）唯一的代表性动物。

消失的长岛鸭群

人们无法确定拉布拉多鸭在加拿大海岸的准确筑巢位置，只知道它们会到美国东北部来过冬，尤其是随后享誉世界的一个地方：长岛（Long Island）。纽约市今天就矗立在这里。拉布拉多鸭曾在长岛被大量捕杀，但它们的肉不受欢迎，有人证明这些肉实在是让人反胃。尽管人们有时会在纽约的市场上找到死鸭，可是直到它们变得彻底无法食用时都卖不出去。因此，人们出于食用原因而过度捕杀这种鸟类是不太可能的。

自从 1875 年左右最后一只拉布拉多鸭在长岛被杀死之后，它们就彻底消失了。几十年间，当地人口数量猛增，严重影响了十分脆弱的生态系统。随后，对拉布拉多鸭标本的嘴部进行研究时，科研人员解释说这种鸟类很可能只以软体动物为食，而随着新英格兰地区移民的增多以及工业的发展，软体动物也变得十分稀少了。这个本不常见的物种由于栖息环境和食物而迅速灭绝了。

20 世纪 90 年代末，加拿大鸟类学家格伦·奇尔顿（Glen Chilton）为被遗忘的拉布拉多鸭提出了抗议：与北美洲其他消失的鸟类不同，无论是民众还是学术界从没有真正关心过这起事件。为了做出补救，这名热心的鸟类学家开始对这种鸟类进行前所未有的详细研究，找到并检查了收藏于世界各地的拉布拉多鸭标本。2009 年出版的《拉布拉多鸭的诅咒》（*The Curse of the Labrador Duck*）一书是对调查结果的总结，作者在书中叙述：他曾统计过 55 只拉布拉多鸭。按理说，纽约博物馆中该鸟类的藏品最多，数量不少于 8 只。这里甚至曾收藏过第 9 只拉布拉多鸭标本，但是，由于博物馆内部施工过程中橱窗关闭不严，该标本于 20 世纪 70 年代被盗，对于这只不翼而飞的第 56 只鸭子，没人知其下落……

喜马拉雅鹑

鸟纲　鸡形目　雉科　学名：*Ophrysia superciliosa*

- 体长：约 25 厘米。
- 1876 年后绝迹。
- 只在喜马拉雅山两处地方发现过几只个体。
- 喜马拉雅鹑属唯一物种。

英国殖民地的纪念品

1846 年，利物浦附近的德比郡（Derby）动物园中一对与众不同的鹌鹑引起了英国动物学家约翰·爱德华·格雷（John Edward Gray）的注意。这两只鸟是十余年前在印度被捕获的，它们明显属于一个未知物种。多年之后，在获得新的标本以便更深入地了解其来源之前，即 1865 年至 1876 年之间，人们在喜马拉雅山城马苏里（Mussoorie）和奈尼塔尔（Nainital）附近捕到了十余只类似的鹌鹑，然而之后就再没有人见过这种鹌鹑了。随后的几十年，甚至到了 20 世纪 90 年代，还有旅行者希望见到喜马拉雅鹑，但从来没有人带回过相关证据。

时至今日，由法国鸟类学家命名的喜马拉雅鹑成了动物世界中最神秘的物种之一。为什么这种动物如此稀有？它们真的灭绝了吗？持最悲观意见的人对此非常肯定，并将它们的消亡与 19 世纪中叶英军在该地区的活动联系在一起。想必很

多士兵都参与了捕猎活动，但是他们缺乏足够的动物学知识，无法分辨这个物种，以至于许多鹌鹑可能还未经过确认就被吃掉了。这种情况下，只能在英国贵族家庭的私人藏品中才能找到这种鸟的蛛丝马迹，因为它们的羽毛，甚至是整只鸟的标本可能被大大方方地当作了当初印度之行的纪念品予以保存。

即便如此，殖民地的捕猎行为在短短几年就让这个物种彻底灭绝了，这个理由并不能说得通。鹌鹑数量的减少是因为其筑巢场所被毁了吗？这也很难说，因为从来没有找到过它们在哪里筑巢。有些人反而因此抱有一丝希望：既然鹌鹑们这样深居简出，那么可能还有一部分鹌鹑依然生活在我们尚未知晓的尼泊尔或中国西藏的边远地区。这并非没有可能，只是概率太低以至于国际鸟类学会还是认为这种鸟已经灭绝了。

南极狼

哺乳纲　食肉目　犬科　学名：*Dusicyon australis*

- 体长：可达 1.5 米（包括尾部）。
- 1876 年灭绝。
- 马尔维纳斯群岛特有种。
- 现存最为相近的物种为南美鬃狼（*Chrysocyon brachyurus*）。

达尔文的先见之明

当约翰·斯特朗（John Strong）船长和其船员于 1690 年登上马尔维纳斯群岛时，他们在这些荒无人烟的岛屿上发现了一种似狐非狐、似狼非狼的奇怪犬科动物，而且它是这里唯一的陆生哺乳动物。这种动物非常温顺，以至于船员们驯化了其中一只，并将它带上"维尔法雷号"（Welfare）作为吉祥物。几个月后，该船与另一艘法国舰船发生激烈交火，这只动物在惊慌中跳船逃跑，最终葬身大海。

南极狼如此容易驯化的原因在于，若干个世纪以来，群岛上从未出现过捕食者。它们根本不惧怕登上群岛的人类。相反，它们表现出一种好奇，并抱着猎奇的心态成群结队地下海，迎接驶近岸边的小船。1765 年，大诗人拜伦勋爵（Lord Byron）的祖父的船员以为遭到了一群饿狼的袭击，为了逃命，他们放火焚烧了岛上的植物："放眼望去，火势燎原，群兽奔走，避祸它穴。"

1833—1834 年，走下"小猎犬号"并登岛的查尔斯·达尔文马上意识到，给这种动物冠以恶名纯属无稽之谈，实际上，这只不过是在给那些觊觎狼皮的猎手提供借口。捕猎南极狼显然危险性不高："南美洲牧民经常在晚间猎杀它们，为此，牧民们一手拿肉当作诱饵，同时另一只手握刀砍向它们。"达尔文预感，在这种情况下，南极狼群肯定命不久矣："这种狼的数量迅速减少，岛上狼的数量已经减少了一半……再过几年，当有人在这些岛屿定居的时候，可能这种狼就会和渡渡鸟一样从地球上消失了。"

达尔文再次言中。本来就因为获取毛皮而被大量捕杀的南极狼，不久以后又被当成了危害羊群的凶手。投毒和有组织的捕猎活动接踵而来，迅猛无比，最终，最后一头狼于 1876 年丧生。

斑驴

哺乳纲　奇蹄目　马科　学名：*Equus quagga quagga*

- 体形：马肩隆高 1.25 米。
- 1883 年灭绝。
- 之前生活在南非草原的亚种。
- 长期被归为独立物种，之后被归属于平原斑马的一个亚种。

奇特的斑马

当博物学家们在非洲往来穿梭，忙于清查这里的野生动物时，各种斑马着实令他们头疼。各个斑马种群之间条纹的分布变化无穷，而观察者们竭尽全力将它们划分为众多各不相同的物种。在这些划定的"物种"中，最奇特的一种曾生活在开普敦地区：这是一种奇特的斑马，它只在头颈和前半身部位长有斑纹，而其臀部呈均一的浅褐色。霍屯督人（Hottentots）依照其叫声，把它称作"呱哈"（quahah）。

对于把其牲畜引入非洲的欧洲移民来说，一切大型非洲食草动物都在和他们的牲畜竞争，斑驴也不例外。所以，斑驴遭到了大量捕杀，这样人们既可以达到清除竞争对手的目的，又可以借机获取斑马肉和皮毛。偶尔活捉到的几匹斑驴则被用来拉车。尽管如此，这种动物的反抗性与好斗性似乎使其特别难被驯服。个别南非移民甚至将斑驴安排在畜群中，因为一旦有人类或狮子等不怀好意者接近畜群，斑驴会毫不迟疑地进行猛烈抵抗。斑驴这种桀骜不驯的性格使 19 世纪 60 年代伦敦动物园进行的唯一一次圈养繁殖以失败告终：唯一一匹斑驴种马发怒后冲向围墙自杀了。最后一匹野生斑驴在 1878 年被杀，而在 1883 年，最后一匹圈养斑驴死于阿姆斯特丹动物园中。

遗传学家在 20 世纪末证实斑驴并不是独立物种，而是平原斑马的一个亚种。这意味着斑驴的基因尚存，只不过被淹没在更"普通"的斑马群体中。南非科学家就发起过"斑驴项目"（The Quagga Project），利用与它们这位消失的远亲具有相近皮毛的斑马进行繁殖，以便再造斑驴。要评估这项人工选育工程的成果还得等上几十年，不过，已经有若干科学家对其效果提出了质疑：人们可能会培养出几匹具有斑驴外表的马驹，但它们永远只是仿制品而已。

古巴三色金刚鹦鹉

鸟纲　鹦形目　鹦鹉科　学名：*Ara tricolor*

- 体长：约 50 厘米。
- 最后见于 1885 年左右。
- 古巴原特有种，也可能曾经生活在青年岛（旧称松树岛）和海地岛。
- 金刚鹦鹉属现存 8 个物种。

安的列斯迷雾

有多少种鹦鹉已经灭绝了？这个问题很难回答……有作者称，仅在安的列斯群岛就有约 15 种鹦鹉灭绝，包括大鹦鹉、长尾小鹦鹉、亚马孙鹦鹉和金刚鹦鹉。某些物种被明确鉴别并描述出来，另外一些则纯属猜测，因为人们只见过它们的骨骼化石。有时，我们只能通过旅行日记中的只言片语外加一幅模糊的草图来认识相关未知物种，并想象这种被遗忘的动物可能已经消失并且未留下任何其他线索。

古巴三色金刚鹦鹉无疑是已灭绝的安的列斯鹦鹉中最出名的代表，不过它身上还有几处谜团尚未被解开。19 世纪初，这种小型金刚鹦鹉经常被捕捉并放入笼中圈养，有不少鹦鹉还因此被运到了欧洲：其中一只在 19 世纪 40 年代就生活在巴黎动物园中。但是，与此同时，这种鸟在自然界中变得稀少起来，而且从 19 世纪 50 年代开始，它们似乎仅存于哈瓦那东南部水草茂盛的萨帕塔（Zapata）沼泽内了，也就是在这里，最后

一只纯种古巴三色金刚鹦鹉于 1864 年被杀死，而人们在 1885 年左右进行了最后几次观测。

关于该物种，有几个问题悬而未决。可以确定的是，古巴三色金刚鹦鹉曾生活在古巴，但是人们不确定它们是否也曾在松树岛和海地岛上生活过。特别令人疑惑的是，1765 年，人们曾在牙买加岛上杀死过一只相似的金刚鹦鹉，但它的皮毛没有被保存下来。然后，有三种猜测针锋相对：要么是某只被带到该岛的古巴三色金刚鹦鹉随后逃出了牢笼；要么它就是最后一批牙买加红鹦鹉中的代表；再要么它属于另一种正在消失的特有种。银行家兼动物学家沃尔特·罗斯柴尔德（Walter Rothschild）倾向于最后一种猜测，并于 1905 年将这个灭绝物种命名为"牙买加红金刚鹦鹉"（*Ara gossei*）。可是，专家们对这种说法从来没有达成过一致，就此事件展开的争论为消失的安的列斯鹦鹉的故事披上了一层浓厚的迷雾。

夏威夷监督吸蜜鸟

鸟纲　雀形目　燕雀科　学名：*Drepanis pacifica*

- 体长：20 厘米。
- 1898 年左右灭绝。
- 夏威夷岛（太平洋）原特有种。
- 唯一的另一种监督吸蜜鸟（黑监督吸蜜鸟，*Drepanis funerea*）在稍后的 1907 年灭绝。

皇家饰品金羽毛

按夏威夷当地传统，穿戴用红色和金色羽毛装饰成的华丽斗篷是王权的象征，要制作这样的斗篷需要捕获成百甚至上千只鸟。红色羽毛主要由两种当地鸣禽提供：镰嘴管舌雀（*Vestiaria coccinea*）和白臀蜜雀（*Himatione sanguinea*）。这两种鸟今天仍然存在。金色羽毛则来源于两种随后灭绝的鸟：夏威夷吸蜜鸟（*Moho nobilis*）和夏威夷监督吸蜜鸟。据说这些鸟被活捉后只被拔去几根羽毛以便其种群不至于过快地消耗殆尽。

由于夏威夷监督吸蜜鸟身上的相关羽毛很小并十分稀少，通常使用它们时都要精打细算，只用作突出某些图案，而并非构成衣物的主要材料。可是 18 世纪末，群岛另一股新兴势力改变了这种用途，卡米哈米哈一世（Kamehameha Ier）于 1792 年登上了夏威夷国王的王位并迅速开始征服整个群岛，他在经过 15 年的斗争后完成统一。这位夏威夷大一统的缔造者广泛使用权力象征物，尤其是他穿着一件巨大的法衣，这件法衣前所未有地单纯使用夏威夷监督吸蜜鸟的羽毛制成。卡米哈米哈一世的法衣下摆长可及脚，现存于夏威夷博物馆；有人估算它由 6 万到 8 万根监督吸蜜鸟的羽毛构成，要捕捉到提供如此数量羽毛的鸟类需要花费数十年的时间。

此种规模的捕猎活动可能是 18—19 世纪间夏威夷监督吸蜜鸟数量减少的原因。不过，很可能后来又有其他因素的作用，其中尤其包括自然生存环境的破坏和传入群岛的新型禽类疾病。夏威夷监督吸蜜鸟最后一次被观察到是在 1898 年。1893 年，人们发现了另一种羽毛颜色更暗的相近鸟类——黑监督吸蜜鸟，尽管没有遭到传统的捕杀，但它们也在同一时期内消失了，1907 年以后就再也没有人见到过它们的踪影。

长尾弹鼠

哺乳纲　啮齿目　鼠科　学名：*Notomys longicaudatus*

- 体长：约 26 厘米。
- 可能于 1901 年（或也许在 20 世纪 70 年代）灭绝。
- 之前生活在澳洲中部的物种。
- 澳洲有许多其他种类的弹鼠已经灭绝或濒临灭绝。

食丸中的蛛丝马迹

过去两百年中，世界范围内灭绝的哺乳类物种有一半来自澳洲。根据澳洲生态学家克里斯·约翰逊（Chris Johnson）的观点，当地野生动物的大规模衰落主要是由于本地引入了两种可怕的捕食动物：分别是 19 世纪 40 年代引入的野猫和 19 世纪 70 年代引入的狐狸。猫在 19 世纪 40 年代或 50 年代当地首批物种大灭绝中扮演了主要角色，这期间消失物种有澳洲白足林鼠或古氏拟鼠等。随后到来的狐狸则加速了其他啮齿类动物和小型有袋类动物的灭亡。这些捕食者的泛滥给澳洲当地啮齿类动物中的一个种群——弹鼠造成了沉重打击：在辨识出的十种弹鼠中有五种已经灭绝，其他几种也濒临灭绝。19 世纪 40 年代，约翰·古尔德就曾描述过长尾弹鼠，同时代的其他证据证明这种动物有时会祸害葡萄。不过，在这之后，人们并没有进一步观察这种动物，以至于到 19 世纪 90 年代这类物种数量锐减的时候还对它们的生活细节知之甚少。最后一次有证据的记录发生在 1901 年，那时人们收集到了最后几只长尾弹鼠的标本。也许若干小型独立种群又幸存了几十年，因为人们在 1977 年从某种夜行猛禽的食丸中发现了一只长尾弹鼠的颅骨。不过，之后的研究未能确认这个颅骨的确属于长尾弹鼠。

事到如今，如果长尾弹鼠看起来确实已经灭绝了，那么其他很多已经从澳洲大陆消失的物种则幸运地在周围小岛上安家并成功地延续了下来。鉴于岛上的小型种群十分脆弱，可能更应该将它们重新引入澳洲大陆本土。但是，这种尝试由于狐狸和野猫的存在而受挫，因为它们天性使然要消灭这些重新引入的小型动物群体。要想长期保护那些幸存的长尾弹鼠的近亲，就得采取各种措施，持续不断地控制猫和狐狸的数量。

马岛巨稻鼠

哺乳纲　啮齿目　仓鼠科　学名：*Megalomys desmarestii*

- 体长：约 30 厘米。
- 1902 年灭绝。
- 马提尼克岛原特有种，当地常称作硬毛鼠（rat-pilori）。
- 所有稻鼠属物种均已灭绝。

培雷山坡上的老鼠

曾经至少有三种特有的巨稻鼠生活在加勒比地区，它们体大如猫。可现在，该属动物已经全部消失了。第一种是巴布达巨稻鼠（*Megalomys audreyae*），1900 年，人们只在同名的岛屿（Barbuda）上发现过它的颌骨碎片。而对于第二种——圣卢西亚巨稻鼠（*Megalomys luciae*）来说，我们对它的了解也好不到哪里去，只知道最后一只该种类的巨稻鼠在 1852 年死于伦敦动物园，其标本也寥寥无几。

只有第三种——马岛巨稻鼠给我们留下了些许印象。自 1654 年法国博物学家让-巴蒂斯特·迪泰尔特（Jean-Baptiste Du Tertre）发现这种巨稻鼠后，他费尽周章地特别讲述了马提尼克岛居民用这种动物来做菜的习惯。首先要将老鼠整体去毛，然后自然晾上一整夜，最后放在水中煮开两次。这样做的目的是去除老鼠身上那令人作呕的麝香味儿。如果按照规程小心处理过，巨稻鼠的肉就会变成一道美味佳肴。有些人证明直到 19 世纪 90 年代，这种动物还遭到大量的捕杀。如此，它们的末日也就快来临了。

巨稻鼠遭到捕杀一方面是人们为了取食其肉，另一方面也是因为这种老鼠名声不好，因为据传它会严重祸害农作物。随着人口的增加以及农业的发展，这种动物似乎越来越受人唾弃。就像安的列斯其他岛屿上发生的事情一样，19 世纪 90 年代，几对獴被引入了马提尼克岛，这些食肉动物马上开始捕食本地物种。世纪之交，人们认为仅存的几个巨稻鼠种群还分散躲藏在岛内海拔较高的地区。1902 年，培雷火山的剧烈喷发将圣皮埃尔市（Saint Pierre）完全摧毁并造成约 3 万人死亡，据说，这次火山喷发也给了巨稻鼠最后一击。在那之后，博物学家们再也没有找到过任何马岛巨稻鼠生还的迹象。

新西兰鸫鹟

鸟纲　雀形目　黄鹂科　学名：*Turnagra capensis*

- 体长：约 28 厘米。
- 1902—1905 年左右灭绝。
- 新西兰原特有种。
- 现已确认有两个不同的物种 [生活在南岛的鸫鹟（*Turnagra capensis*，左图后者）和生活在北岛的鸫鹟（*Turnagra tanagra*，左图前者）]。

鸫鸟之误……

新西兰首批欧洲移民的记录显示，当地陌生的动植物常常困扰着来到这里的英国移民们，他们当中有不少人倾向于使用熟悉的欧洲物种的名字来命名当地鸟类。于是，被毛利人称作"皮奥皮奥画眉"（*piopio*）的鸟类到了欧洲人嘴里就变成了"新西兰鸫"，因为这种鸟会在清晨发出类似英格兰乡村画眉般的令人忧伤的叫声。由于这种鸟同样能够不断发出百灵般的鸣叫，一名当地观察者曾说："皮奥皮奥画眉无疑是我们这里最棒的歌手。"

这种不怕人的鸟类也愿意冒险飞进营地或靠近居民区去寻找残羹剩饭。所以人们拿它们当作日常一景，而被人捉到的新西兰鸫则因其声音讨人喜欢而能够被长时间地圈养。鸟类学家沃尔特·布勒（Walter Buller）对此曾有记叙："只有在圈养一只皮奥皮奥画眉后，我才领略到它那出众的鸣叫能力……无论是强度还是音调的变化都时常让我赞叹不已。它有时以响亮的画眉叫开场，忽而又转出异常轻柔的低音，然后以一声清脆的啼叫突然收场，余音不绝于耳。"沃尔特·布勒还描写道，他驯养的皮奥皮奥画眉总是好奇心太强，会把头伸进旁边关有雀鹰的鸟笼里，结果被雀鹰啄死了。

缺少防人和防天敌之心或许是 19 世纪末期皮奥皮奥画眉衰落的决定性因素，人们在北岛最后观察到鸫鹟是在 1900 年左右，在南岛则是 1902 年前后，日期并不确定。之后，陆续有疑似发现，直到 1963 年左右为止。最近，基因分析表明皮奥皮奥画眉是由两个不同的物种构成的，从生物学上讲，它们是黄鹂的远亲，与鸫鸟有很大差别。

日本狼

哺乳纲　食肉目　犬科　学名：*Canis lupus hodophilax*

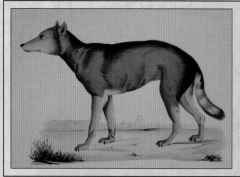

- 体形：马肩隆高小于 40 厘米。
- 1905 年灭绝。
- （日本）本州、九州和四国各岛原特有亚种。
- 另一种日本狼为北海道特有的亚种（*Canis lupus hattai*）。

陨落的神兽

与许多其他国家一样，日本的神话里也少不了狼的身影……但是，日本的两个狼亚种在 20 世纪初就灭绝了。第一个亚种是于 1890 年左右灭绝的北海道狼，它们曾经只生活在日本最北部的岛屿上，其样貌与现在的狼比较相似。第二个亚种比较奇特，它们是日本狼，可能是长期与世隔绝地生活在本州、九州和四国等日本诸岛的缘故，这种狼与其亲属——欧洲狼和美洲狼不同，身形十分矮小。

日本民间传说和信仰认为日本狼并不总是招人厌恶。更多时候，它们被看作一种神秘的生物，有时行迹变幻莫测，并且通常是无害的。有些地区的人把它们当作神兽并加以善待，也因此把它们当作吉祥物供奉在神龛中。农民们有时会奉上一些祭品，感谢它们保护鹿和野猪等牲畜。不过，

18 世纪末狂犬病在日本流行貌似败坏了日本狼的名声，它们越来越多地被表述成具有攻击性和有害的危险动物。也可能是农业的扩张减少了日本狼的分布范围，进一步迫使它们冒险靠近居民区。尤其是从 1868 年明治维新开始，由于传统信仰的衰落以及人与动物之间关系变得合理化，日本狼受迫害的速度进一步加快。日本政府悬赏灭狼和覆盖全国的下毒运动使得日本狼在 1905 年灭绝。

莱顿博物馆馆藏的日本狼标本是博物学家菲利普·弗朗茨·冯·西博尔德（Philipp Franz von Siebold）于 19 世纪采集到的。他是唯一一个在日本狼灭绝前到过日本的欧洲博物学家。但是后来，科学家指出了这种动物身上的非同寻常之处，并猜测它们可能是一种半犬半狼的杂交物种。

镰嘴垂耳鸦

鸟纲　雀形目　垂耳鸦科　学名：*Heteralocha acutirostris*

- 体长：约 48 厘米。
- 1907 年左右灭绝。
- 新西兰原特有种。
- 与另一新西兰濒危物种垂耳鸦是近亲。

乔治五世的头冠

在毛利传统文化当中，酋长们将一种末端为白色的黑长羽毛佩戴在头上或作为垂饰以象征权力。这种羽毛是垂耳鸦的尾羽，该种美丽的鸟类成对生活在新西兰北岛南部的密林中。数个世纪以来，只有高阶酋长才允许佩戴这些羽毛。人类学家或收藏家带回欧洲的数个毛利人头颅上也佩戴着此类羽毛。但到 19 世纪，随着殖民地的发展，传统社会组织发生了较大的变化，古代禁忌被抛弃，垂耳鸦羽毛交易也随之增多。当约克公爵，未来的乔治五世，于 1901 年造访新西兰时，有人向其进献了一枚华丽的垂耳鸦羽毛。约克公爵迫不及待地将羽毛戴在帽子上：据说这一举动在英国移民当中兴起了一股时尚潮流，也直接增加了该物种的生存压力并加速了它们的灭亡。

人们捕捉垂耳鸦不仅仅是因为其尾羽的美丽，还因为其鸟喙形状与众不同，鸟类学家对这一点也有提及，雄鸟与雌鸟的鸟喙形状截然不同：雄鸟的鸟喙短粗似镐，而雌鸟的喙细长弯曲，类似蜂鸟。这种互补性明显避免了它们之间的竞争，即使在同一片领地上共同觅食也不会互相造成影响。专家们似乎对这种奇特的现象情有独钟，这也是垂耳鸦会成为当今博物馆中最常见的灭绝物种藏品之一的原因。

该物种明显减少也导致人们于 19 世纪 90 年代采取了相关保护措施。但不幸的是，这些措施效果不佳，猎取鸟羽和鸟喙的事依然层出不穷。不过，除了猎杀这一原因外，这种鸟类的灭亡可能也要归咎于毁林、捕食动物的入侵和新型疾病。最后一次确切观察到垂耳鸦是在 1907 年，可能只有少数几只鸟活到了 20 世纪 20 年代。

布氏斑马

哺乳纲　奇蹄目　马科　学名：原 *Equus burchellii*

- 体形：马肩隆高 1.25 米。
- 1910 年灭绝。
- 被认为是原生活在南非平原的斑马。
- 现在被认为不过是平原斑马的一个亚种而已。

是否存在尚存争议

1810—1815 年，英国探险家和博物学家威廉·约翰·布切尔（William John Burchell）在尚未经过探索的南非地区游历，并在数年间收集了几十万件标本。由此，许多动物都以他的名字来命名，其中最著名的可能就是"布氏斑马"。这种动物在南非平原上过着群居生活，有时还和斑驴混居在一起。某些业余观察者甚至认为这两种动物是一雌一雄，但这种猜测很快就被证明是错误的。利用已经掌握的科学方法，似乎可以将布氏斑马认为是一个完全不同的物种。无论从其带有浅褐色条纹的白底臀部来看，还是从其蹄子和腹部无纹的特点来看，布氏斑马的皮毛色彩与其他斑马的截然不同。19 世纪时，曾有多张斑马皮被带到了欧洲，其中几张被放在博物馆中展出。莱顿博物馆中藏有三例布氏斑马标本：一只雄性和一只年轻雌性斑马的标本以及 1819 年在伦敦购得的一张风干斑马皮。有一些布氏斑马活体也被带到欧洲并在动物园或园林中展出。

可是，自 1850 年起，布氏斑马似乎越来越稀少了。与斑驴一样，人类定居带来的狩猎压力和改变其生存环境的农业扩张使布氏斑马迅速衰落了，此外，布氏斑马在旱季还不得不面对来自家畜的竞争。自然生活环境中的布氏斑马早早就消失了，最后一只圈养布氏斑马于 1910 年在伦敦动物园中死去。

但从此之后，分类方法的巨大变化使科学家重新划分了斑马的种类。让人感到意外的结论是：布氏斑马很可能只不过是平原斑马（*Equus burchellii* 或 *Equus quagga*）的一个亚种而已，若它确实表现出某种遗传特异性，这种特异性如今已不显著……布氏斑马灭绝一个世纪后，人们对这种动物是否曾经存在都提出了异议。与此同时，"布氏斑马"这一称呼已经等同于"平原斑马"，就连专家们自己也难以区分它们了。

笑鸮

鸟纲　鸮形目　鸱鸮科　学名：*Sceloglaux albifacies*

- 体长：约 32 厘米。
- 1914 年后绝迹。
- 原生活在新西兰的特有种。
- 南、北两岛上的物种并不相同。南岛：*S. a. albifacies*；北岛：*S. a. rufifacies*。

声似手风琴

　　欧洲人到来之时，在新西兰境内生活着两种猫头鹰：一种是新西兰鹰鸮（*Ninox novaesee-landiae*），它们至今仍大量生活在澳洲；另一种是笑鸮，它曾经只生活在新西兰并且与其他夜行猛禽不尽相同。它的体形较大、翅膀较小、鸟爪较长，适于经常在地上搜寻和抓捕小型猎物：鼠类、蜥蜴、鞘翅目昆虫等。毛利人根据其夜间发出的似人类笑声一般的鸣叫，把这种鸟称作 *Whekao*。鸟类学家沃尔特·布勒描述道，人们可以借助手风琴来模仿这种叫声，这种鸟会被诱鸟笛吸引："夜幕降临时，它会被手风琴的声音吸引，离开它在山崖上的藏身处。这种鸟会悄无声息地飞过演奏者的头顶，停落在附近，倾听乐器发出的声响，直到音乐停止。"

　　由于夜间很难在其自然栖息地寻找到它的踪迹，人们大多时候只能一睹圈养笑鸮的真容。1882 年，一位名叫 W. W. 史密斯的热心博物学家给沃尔特·布勒连写了多封信件，向他讲述捕捉并喂养多只笑鸮的经历。由于其无法到达笑鸮在绝壁深谷中筑造的巢穴，他不得不采用烟熏的方法迫使笑鸮飞出洞穴，以便在其逃跑前捕捉它们。史密斯惊奇地发现这种猫头鹰十分温顺，一旦被捉住，很容易被驯化。另一位笑鸮驯养者乔治·罗利（George Rowley）则说道："没有比这种鸟更温顺的鸟了，它们任人摆布，毫无反抗之举。"

　　在 19 世纪初期，笑鸮还数量众多，其后数量锐减，具体原因不得而知。人们有时猜测是笑鸮猎物的减少导致了这种结果，但笑鸮的消失更可能是由于自然生存环境的恶化以及猫和貂等捕食者的到来。1914 年，人们找到了最后一只笑鸮的尸体。此后一直到 20 世纪 60 年代，有几位证人确认曾经在夜间听到过类似笑声的鸣叫，但人们从来没有正式确认再发现笑鸮。

旅 鸽

鸟纲 鸽形目 鸠鸽科 学名：*Ectopistes migratorius*

- 体长：约 40 厘米。
- 1914 年灭绝。
- 原成群生活在北美大陆东部的物种。
- 现代鸽的近亲，该物种是旅鸽属中的唯一动物。

美洲记忆

美洲印第安人很早以前就知道存在一种彩色鸽子，它们在进行大迁徙时，可以连续几天成群飞行，遮天蔽日。但对于登陆美洲的移民来说，这种景象简直不可思议：1810 年左右，鸟类学家亚历山大·威尔逊（Alexander Wilson）曾见到过一望无际的鸟群，据他估算，其中包括 20 多亿只鸟！聚集地的旅鸽数量同样海量，鸟群通常占据 5 千米到 16 千米范围，并且，鸟巢连片可创纪录地达到 65 千米！今天，我们还能够想象出这是怎样规模的一大群鸟吗？

当时的移民对这些鸟司空见惯，并可能想象不出它们是多么脆弱。旅鸽在飞行时队伍非常紧凑，这导致它们很容易成为被袭击的目标。大型群体的迁徙过程中，人们只需朝天空放两枪便能打下不少鸽子。而且，这种鸟的迁徙路线一成不变，某些养猪人每年都跟随鸽群数十千米，打下新鲜的鸽肉供自己的猪食用长膘。人们也组织狩猎比赛，而想要获胜，每次比赛需要打到 30 000 只旅鸽。这就可以解释为什么 1850 年左右旅鸽肉在美国十分便宜。简而言之，这种恩赐的食物似乎是取之不尽的。

不过，这种动物在 19 世纪 70 年代开始出现衰败的迹象并随后快速消亡了。大规模的捕猎是重要原因，也许还有与家禽接触而被传染上疫病的因素。但是，似乎旅鸽不善独居的习性才是导致它们灭亡的主要原因，它们不适应小型群体生活，一旦数量达不到某一底线，就不可避免地走向灭亡。若干鸟类学家试图圈养最后一批此种鸟的代表性个体，但这些鸟都无法忍受孤独和狭笼。因此，所有努力均以失败告终。1914 年 9 月 1 日，最后一只旅鸽孤独地死于辛辛那提动物园。

佛得角大石龙子

爬行纲　有鳞目　石龙子科　学名：*Chioninia coctei*

- 体长：约55厘米。
- 可能于1914年（或1940年）灭绝。
- 原生活在佛得角群岛的特有种。
- 存在多种石龙子科物种，它们均是该群岛上特有的动物。

拿破仑的战利品

1808年，当拿破仑军队占领葡萄牙时，年轻的法国动物学家艾蒂安·若弗鲁瓦·德圣-伊莱尔（Étienne Geoffroy de Saint-Hilaire）奉命检查该国最珍贵的博物学藏品。他的任务是挑选具有价值的藏品，以便将它们"带回"法国，补充巴黎博物馆馆藏。因此不久之后，众多标本在巴黎博物馆落户，其中包括76件哺乳动物标本、284件鸟类标本、32件两栖和爬行动物标本、97件鱼类标本和不计其数的无脊椎动物标本。当中有多个科学界的新发现，尤其包括两只未知的巨蜥标本。虽然它们的地理出处不详，但从外表判断，它们可能是某种非洲或毛里求斯石龙子。

谜团被解开是几十年之后的事了。自19世纪70年代开始，人们不断地在葡属佛得角诸岛上得到了同类蜥蜴的活体或尸体。巴黎博物馆内两例标本的来源重新浮出水面，它们出自18世纪80年代一位旅居该群岛的葡萄牙博物学家之手。不过，近距离观察发现，两例珍贵标本中的一例已经不在馆藏之列。按照当时的科研惯例，很可能是巴黎博物馆拿这例标本和其他博物馆做了交换，由于其标签注明不详，无法找到这个标本的去向。也就是说，这例标本丢了。

与此同时，佛得角群岛大石龙子数量开始变少。鹿特丹（Rotterdam）动物园中的大石龙子于1908年死亡并被装瓶保存。最后一批野生大石龙子个体是在1914年被捕获的。1979年，爬行动物专家汉斯·赫尔曼·施莱希（Hans Hermann Schleich）曾探访佛得角群岛，搜寻幸存的大石龙子，但是该物种已经销声匿迹了。为取得蜥蜴的肉和皮进行的大量捕杀，加之该地区的严重干旱导致了大石龙子的灭绝。当地人确认他们最后一次见到这种蜥蜴是在1940年左右。

已灭绝物种未知标本重现世间的案例少之又少。不过在2013年，巴黎博物馆丢失了两个世纪之久的标本在莱顿博物馆藏品中被发现了。其标签上错误地把它标注为毛里求斯岛附近的圆岛石龙子（*Leiolopisma telfairii*），更正错误后，该标本在博物馆藏品中身价一度倍增。

卡罗莱纳长尾鹦鹉

鸟纲　鹦形目　鹦鹉科　学名：*Conuropsis carolinensis*

- 体长：约 30 厘米。
- 1918 年左右灭绝。
- 原生活在美国东部，从墨西哥湾到纽约附近的区域。
- 北美洲唯一特有鹦鹉科动物。

果园中的多彩挂毯

如果说人们遇到的大部分鹦鹉都生活于热带的话，北美洲则有一种鹦鹉是例外。人们曾在这里发现过大量的绿身黄头鹦鹉——卡罗莱纳长尾鹦鹉，它们对美国东北部严酷的气候比较适应。某些此类鹦鹉甚至出没于深冬季节的纽约州雪原。卡罗莱纳长尾鹦鹉成群地在树洞中休息，并以水果和各类野生种子为食。可是，自 18 世纪末期起，欧洲移民开始迅速改变卡罗莱纳长尾鹦鹉的生存环境和习性。原有森林遭到大规模砍伐，并通常被改造成农田和果园。一旦有机会，卡罗莱纳长尾鹦鹉就会成群结队地扑向农业收成，很快，它们便被人们当作有害鸟类之一。19 世纪 30 年代，奥杜邦[①]曾对这种动物造成的损失进行过评价："卡罗莱纳长尾鹦鹉会毁坏并吃掉几乎所有种类的水果，好坏全收。因此，无论对于种植者、农场主还是园丁来说，它们都是不速之客。"当这种鸟光顾田间的谷堆时，它们有时会落满整个谷堆，仿佛给谷堆披上了一层多彩光鲜的挂毯。它们将谷堆上的麦秆拔除，被祸害的谷物比被它们吃掉的谷物还要多上不止两倍。当梨树和苹果树刚刚结果时，它们就开始围攻，以便得到其中的籽粒，它们在枝条间来回穿梭，使本来挂满果实的树木仿佛经受了一场狂风暴雨，变得破败不堪。

所以，几十年间，人们为了保护收成，防备并捕杀卡罗莱纳长尾鹦鹉，有时一次就达成百只。猎杀加上自然环境的毁坏使种群数量急剧下降，19 世纪 80 年代后，卡罗莱纳长尾鹦鹉已变成稀有鸟类了。据说，在雌鸟死去的一个月之后，最后一只被圈养了 32 年的雄鸟于 1918 年在辛辛那提动物园的笼中郁郁而终。不过，直到 20 世纪 30 年代，人们好像还在沼泽内多次见过这种鸟，但这些沼泽区域今天已经不复存在了。

[①] 约翰·詹姆斯·奥杜邦（John James Audubon，1785—1851）：美国画家、博物学家，曾绘制鸟类图鉴。

硕绣眼鸟

鸟纲 雀形目 绣眼鸟科 学名：*Zosterops strenuus*

- 体长：13 厘米。
- 1918 年左右灭绝。
- 豪勋爵岛（île Lord Howe）原特有种。
- 该岛还生活着另一种濒危动物：霍岛（灰胸）绣眼鸟，*Zosterops (lateralis) tephropleurus*。

豪勋爵岛上发生的意外

位于澳洲和新西兰之间的豪勋爵岛上生活着大量奇特的当地野生动植物物种和亚种。18 世纪末期欧洲移民发现该岛之后，某些物种便迅速消亡了，尤其是神秘的新不列颠紫水鸡（*Porphyrio albus*），这种大型白身红嘴水鸡可能自 1844 年起就灭绝了。不过，首批移民意识到了当地野生动物的脆弱性，因此采取了严密的防范措施防止鼠类在船只进行补给时逃上该岛。几十年间，船只都与该岛海岸保持着足够的距离，只允许经过正式检查的小桨船靠近那里。

可是，这种防范措施因为一次意外失效了。1918 年 6 月的一个夜晚，"马康博号"（*Makambo*）补给舰在该岛海岸搁浅并且经过 9 天的修理后才重新起航。这段时间虽然不长，但足够几只黑鼠从船上逃出游到岸边。起初此事并未引起人们的注意，但等到老鼠被明确认定存在于该岛时，它

们的数量已经多到无法被消灭的程度。移民们长久以来想避免的惨剧迅速发生了，多个当地特有鸟类种群在仅仅几年间消失。硕绣眼鸟可能是当地最常见的一种小型鸣禽，当时它们的数量很大，但是自 20 世纪 20 年代开始，它们便踪迹全无了。一同灭绝的鸟类中还包括当地一种鸫鸟（*Turdus poliocephalus vinitinctus*）和一种当地的椋鸟（*Aplonis fusca hulliana*）。

被鼠类繁殖困扰的岛上居民决定引入塔斯马尼亚鸦来减少老鼠的数量，但这项蹩脚的措施导致本地一种特有亚种——豪勋爵岛新西兰鹰鸮（*Ninox novaeseelandiae albaria*）的灭亡。自 1982 年起，豪勋爵岛被联合国教科文组织列为世界自然遗产，多项旨在救助当地濒临灭绝物种的计划正在该岛展开。

极乐鹦鹉

鸟纲　鹦形目　鹦鹉科　学名：*Psephotellus pulcherrimus*

- 体长：约 27 厘米。
- 1927 年左右灭绝。
- 澳洲东部（昆士兰和新南威尔士州）原特有种。
- 与另一种濒危动物金肩鹦鹉（*Psephotellus chrysopterygius*）是近亲。

昔日蚁穴客　今朝笼中鸟

19 世纪时，英国贵族家庭建造私人动物园、搜罗奇特动物的情况并不少见。各类鹦鹉因其美丽和驯良常常成为最受青睐的鸟类。而圈养华丽的极乐鹦鹉（1844 年发现于澳洲东部）无异于一种炫耀的资本，这使此种鹦鹉尤其令人垂涎三尺。在 1884 年出版的一本鹦鹉饲养专著中，英国鸟类学家威廉·托马斯·格林（William Thomas Greene）总结道："任何见过极乐鹦鹉的人都想拥有一种如此美丽和优雅的鸟……可惜，能活过几个月的鸟屈指可数，一段时间之后它们就突然死亡了。"不过，还是有大量极乐鹦鹉被捕获并高价卖到了欧洲，可是它们在这里成功繁衍的数量寥寥无几。

野生的极乐鹦鹉生活在昆士兰州和新南威尔士州交界处树木茂密的山谷里。比较奇特的是，成对鹦鹉在白蚁穴内挖洞筑巢，并以采集周围的禾本科植物为食。除因商业目的而遭到捕捉之外，牲畜进入该地区并削减了可用的食物数量，这似乎也给种群制造了不小的压力。极乐鹦鹉在 19 世纪末期成为稀有动物，并且被认为于 1915 年灭绝，人们于近代再没见过它们。不过，部分鸟类学家对少量极乐鹦鹉尚存世间仍抱有希望，并于 1918 年公开召集见证人。直到三年后才有探寻者给出回应：1921 年 12 月，一位名叫西里尔·杰拉德（Cyril Jerrard）的昆士兰农场主向它们确认了一对极乐鹦鹉的巢穴。某位知名鸟类学家赴当地考察并确认重新发现了这种鸟。与此同时，农场主尽其所能对这种稀有鸟类进行了观察记录。但是，这些记录和意外获得的照片只不过是最后的见证资料。1927 年以后，该物种便再无踪影了。

袋 狼

哺乳纲　袋鼬目　袋狼科　学名：*Thylacinus cynocephalus*

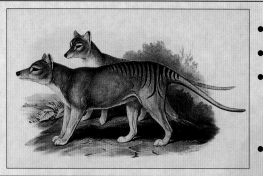

- 体长：通常在 1.5～1.8 米。
- 1936 年灭绝。
- 塔斯马尼亚原特有种（但也在澳洲和新南威尔士生活了 3 500 年）。
- 袋狼科动物已经灭绝。

赏金猎人的目标

由于其条纹形似犬科动物，袋狼也经常被称为"塔斯马尼亚虎"或"塔斯马尼亚狼"。但实际上袋狼与这些动物都相去甚远，因为它实际上是一种有袋类动物，并且是存活到现代的最大食肉性有袋动物。从前，它们遍布澳洲和新几内亚地区，大约 3 500 年前从该地区消失，可能源于引进的澳洲野狗所带来的竞争。当欧洲移民来到这片区域时，袋狼只分布在塔斯马尼亚岛上。

对袋狼进行的首批科学描述可追溯到 19 世纪初，自那时起，作者们一贯将其描述为家禽的祸害。据英国博物学家约翰·古尔德所说："由于它们具有夜间活动的习性，经常在夜里发起攻击，即使是绵羊都无法幸免。它们所造成的破坏自然引来了移民们的仇视，以致袋狼在所有耕作区几乎悉数被灭。不过，塔斯马尼亚岛还有大部分地区处于自然状态，大部分林地还未被开垦，袋狼尚有躲避人类追杀的藏身之所，所以，距离它们灭亡的日子还较远。"几十年间，人们为消灭袋狼纷纷悬赏开价，到 1909 年为止共发出奖金 2 000 余笔。随后，这个物种变得稀少起来，悬赏制度也被废弃了。终于在 1936 年，袋狼被列为保护动物。但这项法律措施来得太晚了，最后一只野生袋狼已经在数年前被捕获。也就是在 1936 年，最后一只圈养袋狼死于霍巴特（Hobart）附近一家动物园的笼中。不时风传袋狼仍存在于塔斯马尼亚的森林深处。2005 年，一家澳洲杂志曾许诺，活捉一只完好无损的袋狼就给予 100 万美元的奖赏；而这不过是噱头……为此付款的可能性并不高。

巴厘虎

哺乳纲　食肉目　猫科　学名：*Panthera tigris balica*

- 体长：雄性可达 2.3 米，雌性为 2 米。
- 1937 年左右灭绝。
- 印度尼西亚巴厘岛原特有亚种。
- 8 个虎亚种中最小的一种。

医生家的虎毯

20 世纪初，巴厘虎是 8 个虎亚种中体形和名气都最小的一种。虽然当地人很早之前就知道这种老虎，但一直到 1912 年才对它进行明确的科学描述。对这种大型捕食动物来说，巴厘岛相对较小，所以，巴厘虎种群的数量可能从来就不是很多。移民、耕种和毁林的负面影响显著，导致此类动物只能在岛上人迹罕至的深山地区生活。

因此，巴厘虎变得越来越少，幸存的老虎零星分布在分散的栖息地内，不过环境并不适宜其生存。按照传统，巴厘岛人很少攻击老虎。但随着两次世界大战期间欧洲移民数量的增加，这种传统也有所改变。尤其是荷兰移民曾组织过多次狩猎，他们用山羊作为诱饵，近距离地射杀老虎。到了 20 世纪 30 年代，巴厘虎已经成为一种极其稀有的物种，但这并没有减缓猎杀竞赛的速度。最后一只雌虎在 1937 年被杀死，有可靠证据称，人们见到最后一批老虎是在 20 世纪 50 年代初。

灭绝发生得如此突然，以至今天几乎没有留下什么有关巴厘虎的遗迹。似乎它从未被活捉并圈养过，甚至没有留下活体的影像资料。从仅有的几张胶片上，我们只能看到欧洲殖民者身旁刚刚被杀死的巴厘虎尸体。人们也收集了若干标本，但数量不多，包括几只老虎头骨和几张虎皮。尽管如此，人们也可期待从私人收藏中发现更多的标本，尤其是从早先生活在印度尼西亚的荷兰人家中找到它们，那时最后一批巴厘虎尚未消失。正是采用这种方式，人们在 1977 年有了意外收获：莱顿博物馆购得了一张稀有的虎皮，它可能来自一只 1933 年被某位荷兰医生打死的老虎。随后的几年间，这张虎皮一直被当作地毯铺在这位医生家里。

爪哇麦鸡

鸟纲　鸻形目　鸻科　学名：*Vanellus macropterus*

- 体长：约 28 厘米。
- 1939 年后绝迹。
- 爪哇岛（也可能是苏门答腊岛和帝汶岛）原特有种。
- 2002 年重新被列为"极危"物种，但是并没有得到确认。

爪哇沼泽中的勘查

荷兰在印度尼西亚的殖民史中解释了为什么莱顿博物馆会拥有多件来自该地区的珍贵藏品。鸟类馆藏中包括一批重要的爪哇麦鸡藏品：4 件组装好的标本、35 张鸟皮、2 副骨架和 15 枚卵，让人一眼就把这种鸟的整体外观看得清清楚楚。它们大部分是在 1907—1925 年人们从爪哇岛收集而来的，那时，这种鸟已经相当稀有了。1939 年以后人们就再也看不到这种鸟了。

数十年间看不到它们的身影让人们有理由怀疑这种动物已经灭绝。爪哇岛沿海沼泽和三角洲在历史上曾是它们的主要活动范围，但在人口增长和农业扩张的压力下，这些地区人为痕迹已经很重。几年间曾有多位鸟类学家探访过这些地区，这些鸟的位置和相貌都比较好辨认，若是它们依然在世，不可能所有科学家都与它们失之交臂。所以按照逻辑，爪哇麦鸡在 1994 年被宣布灭绝，

直到 2002 年，有证据表明这种动物又再次出现了。会不会是我们认为毫无希望的地方尚有最后一批爪哇麦鸡存活下来了呢？20 世纪 30 年代之前收集的大部分爪哇麦鸡是在爪哇岛被捕获的，但有几只标签上的原产地写的是苏门答腊岛和帝汶岛。这些信息通常被认为是矛盾的，这表达了对该物种分布区域的一种质疑。特别是这种动物中的一部分可能进行了迁徙，有些麦鸡在意想不到的区域内筑巢过活。后来人们发现一位德国鸟类爱好者在 20 世纪 30 年代编写的观察日记（未出版），由此更加肯定了这种假设。因此，人们决定要查个水落石出，在考察完所有栖息地之前，一般不得不认为这种动物已经灭绝。但这一次，人们付出的努力没有得到回报，即使重新意外发现了它们，最后几只爪哇麦鸡的数量也少得可怜，不足以形成可继续繁衍的种群。

巴巴里狮

哺乳纲　食肉目　猫科　学名：*Panthera leo leo*

- 体长：加上尾部达 3 米。
- 1942 年左右绝迹（也可能是在 20 世纪 60 年代）。
- 原生活在利比亚到摩洛哥之间地区的亚种。
- 当前基因分析对其亚种地位提出了质疑。

斗士与烈士

在古代，狮子的分布一度十分广泛，从非洲南部到马格里布地区，从巴尔干地区到印度，都能见到它们。罗马人捕捉它们用于竞技表演，要么与角斗士进行搏杀，要么吞食牺牲者，这些狮子通常来自北非。这一狮子亚种体形十分庞大，雄狮长有浓密的黑色鬃毛。据统计，死于古代竞技场中的狮子多达数百只。

尽管在罗马时代人们对狮子的猎杀和抓捕很可能影响了其种群数量，但数个世纪以来，生活在阿特拉斯（Atlas）山区的狮子依然不少。19 世纪，欧洲人开始向当地移民，并引入了火器，使得该狮子亚种的数量明显减少。由于狮子经常袭击牲畜，甚至也偶尔袭击人类，法国高级军官自发在阿尔及利亚山中猎杀这种野兽。最后一批突尼斯和阿尔及利亚狮在 1891 年左右被杀光，与此同时，残留于摩洛哥的几个种群面临着森林等栖息地的减少和破碎化，野外猎物的消亡以及摩洛哥牧民为保卫其牲畜所进行的武器改进，这些因素也使得狮群的生存难以维持。

巴巴里狮最终的准确灭绝日期还有待商榷。通常认为发生在 20 世纪 20 年代或 30 年代，不过，最后一只巴巴里狮子于 1942 年在摩洛哥被人杀死。根据从边远地区搜集到的证据，近期研究猜测阿尔及利亚狮可能一直存活到 20 世纪 60 年代。尽管在野外已经消失，巴巴里狮肯定在各个动物园中留有后代，只是已经与其他种类的狮子深度杂交，以至无法再将其分类为真正的巴巴里狮了。其实，不少专家都在犹豫今后是否将其作为独立的亚种，他们更偏向于将其看作是非洲狮的一个特例，所以，今天这种狮子的拉丁名是 *Panthera leo leo*。

雷仙岛秧鸡

鸟纲　鹤形目　秧鸡科　学名：*Zapornia palmeri*

- 体长：约 15 厘米。
- 1944 年左右灭绝。
- 夏威夷群岛内莱桑环礁（atoll de Laysan）原特有种。
- 若干种群曾被引入中途岛（îles Midway）和利相斯基岛（île Lisianski）生存。

牵连之祸

战争会打破某些日常习惯，代之以全新的秩序，所以经常会不利于那些比较脆弱的动物物种。拿破仑战争曾迫使英国渔民更加频繁地光顾大海雀的聚集地。两次世界大战增加了美国木材消耗，导致最后一批象牙嘴啄木鸟赖以避难的森林被毁。1941—1945 年发生的太平洋战争则造成至少两种小型海岛秧鸡灭绝：一种是威克岛秧鸡（*Hypotaenidia wakensis*），它们中的最后几只被战争末期缺乏补给的日军吃掉了，另一种就是雷仙岛秧鸡。

雷仙岛是夏威夷群岛内的一座珊瑚环礁，这种小型秧鸡的数量在这里一度十分丰富。这种鸟好像不惧怕人类，甚至会进入居民区觅食。夜幕降临时，岛屿四处都能听到它们的叫声，有人在 1892 年证实道："天刚刚黑下来，它们就像收到信号一样，一齐发出特殊的叫声，几秒钟之后又恢复了寂静。这种叫声仿佛是一两把珠子撒到玻璃上并且不断跳动时所发出的声音。"雷仙岛秧鸡没有受到过特别的迫害，甚至招人喜欢，某些秧鸡几乎被当作家禽来看待。

1903 年，进入该岛的兔子和豚鼠破坏了雷仙岛的植被，摧毁了雷仙岛秧鸡的生存环境并导致其在 1923 年左右消失。幸运的是，这种动物那时还没有灭绝，因为人们于 1891 年成功地将这种动物引入了几百公里外中途岛的两座小岛，东岛（Eastern Island）和沙屿（Sand Islet）。第二次世界大战初期，驻扎在这里的美军曾与这些秧鸡和平共处，但也为其灭绝埋下了祸根。中途岛是控制北太平洋的战略要地，此地曾经发生过大型军事行动和激烈的战斗。1943 年，一艘登陆艇不慎将老鼠带到这两座有幸存秧鸡生活的小岛上，到 1944 年，雷仙岛秧鸡就彻底灭绝了。

象牙嘴啄木鸟

鸟纲　鴷形目　啄木鸟科　学名：*Campephilus principalis*

- 体长：50 厘米。
- 可能于 1944 年左右灭绝。
- 原生活在美国东南部和古巴原始密林中的物种。
- 有时也被列为"极危动物"，但并不确定。

鸟类学界的圣物

它被称为上帝之鸟（Lord God Bird）。这是一种大型啄木鸟，其羽毛在飞翔过程中显得尤为华丽。根据奥杜邦的记录："此刻，鸟羽的华美尽现，使观者大饱眼福。"不过，这份美丽也招来了觊觎："大部分印第安人将连着上喙的啄木鸟头皮当作战斗装饰，而我们的垦荒者和猎人将其配与火药袋。大家主要都是为此而射杀这种鸟的。"

象牙嘴啄木鸟起初遍布于美国东南部的大型沼泽森林。但迫于 19 世纪兴起的捕猎和毁林，它们逐渐退出了这片区域，只在若干废弃的河床内继续生存。由于畏惧这里的洪水、蚊虫和毒蛇，樵夫们很难进入这里。但美国那时需要大量的木材。如果说第一次世界大战期间毁林比较严重的话，那么第二次世界大战在这方面则有过之而无不及：木材被用来制作舰船甲板、卡车和弹药箱……链锯的改善和推广使伐木者得以在仅存的原始森林深处进行作业，特别是路易斯安那州的"缝纫机厂属地林区"（Singer Tract）。1938 年，人们曾在这里找到了最后一群象牙嘴啄木鸟，但为了满足战争的需要，这个最后的鸟类据点也被摧毁了。对它们的零星观察记录持续到 1944 年左右，之后，人们便再没有见过这种鸟。

故事到此完结了吗？并不一定。从此之后，象牙嘴啄木鸟成了"鸟类学界的圣物"，许多人希望在此找到它们。尽管这种鸟在 20 世纪初被认为已经灭绝，某个鸟类爱好者还是在 20 世纪 30 年代重新发现了它的踪影，直到 40 年代它们再次消失。随后在 20 世纪 80 年代，有可靠消息表明人们又见到过它们几次。最后是在 2004 年，人们在阿肯色州森林中拍摄的一段仅有几秒的模糊影像又激起了若干希望：通过影片，可以看到一只长有特殊白色翅膀的啄木鸟飞入了林间……不过，专家们的意见尚不统一，因为，这只鸟很可能只是一只北美黑啄木鸟（*Dryocopus pileatus*）。

第三章

高速发展的经济

（1945 年至今）

第二次世界大战结束后，地球上大部分露出的土地都已经被人类造访过和占领了。欧洲列强突然使新大陆物种加速灭绝的日子仿佛结束了。但世界又进入了一个前所未有的经济与人口膨胀阶段，使原本脆弱的生态系统背上了更沉重的人类负担。工业化几乎无一例外地加快了土地的人为改造进程，使自然生态环境变得四分五裂并造成环境污染。不过，另一种截然相反的重要变化也在此时兴起，那就是人们将预防物种（或至少是其中最具代表性的物种）灭绝这一问题合法化并广为传播。然而，袋狼还是遭到了捕杀，一直到 20 世纪 30 年代它们被彻底消灭为止；在这之后，主动试图清除某个物种的行为就变成了不仁之举。科学界和各种自然保护组织为确认极其濒危的物种而积极行动起来，他们这么做也是想要通过制订保护计划来及时挽救这些物种。但灭绝的车轮并没有就此停止转动，因为人们对社会经济发展的迫切需要通常比环境保护更加优先，这让人进退两难……不过，濒危物种的数量变得越多，这种困境出现的频率也会越高。

粉头鸭

鸟纲　雁形目　鸭科　学名：*Rhodonessa caryophyllacea*

- 体长：60 厘米。
- 1949 年左右灭绝。
- 原生活在印度东北部、孟加拉国和缅甸北部的物种。
- 常被列为"极危物种"，但并不确定。

缅甸沼泽中的谜团

自从粉头鸭被发现之后，它似乎总是被人们当成一种珍奇的动物。不仅是因为它那粉红色的头颈常让见到它的人们惊讶不已，而且这种鸟经常出没于人迹罕至的潮湿地区：恒河与布拉马普特拉河三角洲，以及印度东北部、孟加拉国和缅甸北部的沼泽地。在粉头鸭的野生栖息地很难见到它们的身影，不过，有些作者确定他们在 19 世纪 90 年代加尔各答市场的货摊上见过粉头鸭。此后，这种动物的数量似乎急剧下降，收藏者要想获得一只粉头鸭是越来越难了。

虽说粉头鸭实在算不得什么美味佳肴，但它们对美化园林水域会起到不错的效果。在两次世界大战之间，法国的鸟类学家让·德拉库尔（Jean Delacour）曾在其位于诺曼底小镇克莱尔（Clères）的动物园中饲养过多只粉头鸭。最大的粉头鸭饲养者是富有的鸟类学家阿尔弗雷德·埃兹拉（Alfred Ezra），他还在 20 世纪 20 年代末得到过

8~13 对粉头鸭。它们成功地适应了位于英国萨里（Surrey）的巨大鸟类公园的环境，不过可惜的是，它们从未在这里进行过繁殖。这群粉头鸭中的最后一只在 1936—1945 年死去，确切的死亡日期并没有记录。追溯过去，我们会发现，这可能是该物种的最后一个代表。

实际上，最后一次有确切证据证明见到野生粉头鸭似乎还要上溯到 1926 年。不少证据显示，很可能这个纪录要被推迟到 1949 年，但都缺乏具有决定性意义的证据。从那以后，"绿色革命"摧毁或恶化了该物种在印度和孟加拉国的大部分潜在栖息地。如果若干粉头鸭侥幸生存了下来，那它们很可能生活在缅甸北部，这是世界上少有科学家踏足的几个区域之一。21 世纪伊始，几次可信度颇高的观察为这种猜测提供了依据，但进一步的研究没有收获任何结果。被人们见到的鸟类可能只是白翅栖鸭（*Asarcornis scutulata*）。

日本海狮

哺乳纲　食肉目　海狮科　学名：*Zalophus japonicus*

- 体长：可达 2.5 米。
- 1951 年左右灭绝。
- 原生活在日本海滨的物种。
- 这种海狮有时被描述为加利福尼亚海狮（*Zalophus californianus*）的一个普通亚种。

通烟斗用的胡子

19 世纪时，在日本和朝鲜的海边还生活着大量的海狮，渔民们经常可以遇到它们。几百年来，尽管肉质不佳，但日本海狮仍然因为它们的油脂、皮毛和其他器官而遭到捕杀——油脂用于室内灯具的燃料，毛皮用来制作皮具，而其器官据说具有非凡的药用价值。随着时间的推移，这张清单上又罗列了其他用途，如将海狮的胡子当作通烟斗的工具。20 世纪初，似乎还有若干只海狮被活捉后在亚洲的马戏团进行展出。日本海狮种群面临的压力一年比一年大，它们也愈发稀有，以至第二次世界大战爆发前，人们每年只能捕获到几十只海狮。

不过，似乎是第二次世界大战以及随后的朝鲜战争加速了日本海狮的灭亡。不仅是多年来的海面和水下战斗影响了最后一批海狮种群的生活，而且有传言说朝鲜士兵曾拿这些海狮当靶子来练习射击。无论如何，最后一次确切观察到 50 余只海狮藏身独岛（île Takeshima）是在 1951 年。此后一直到 1974 年，人们又零星见到过几次这种动物，但都未经证实。而国际自然保护联盟最终于 1990 年宣布这种动物灭绝。但并非所有人都对此失去了希望：韩国政府向其渔民分发读物，帮助他们辨认日本海狮，并下令如果发现与该描述相符的海狮要立即报告，并立即释放被不慎捕获的海狮。最终，人们探讨发起一项科研计划，旨在沿亚洲海岸寻找幸存的日本海狮种群。尽管任务艰巨、不确定性多且费用高昂，但各国政府出于多种原因似乎对凭借起死回生的海狮物种来开创生态旅游活动颇具信心。

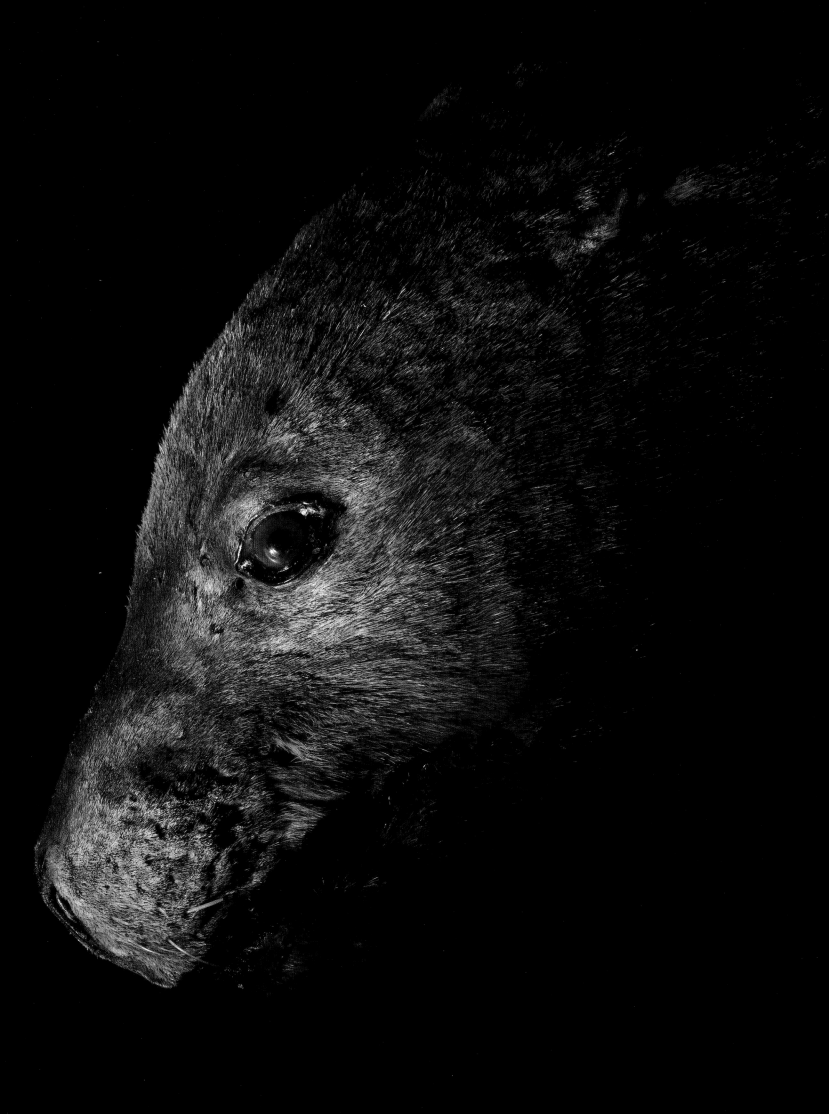

加勒比僧海豹

哺乳纲　食肉目　海豹科　学名：*Monachus tropicalis*

- 体长：可达 2.4 米。
- 1952 年左右灭绝。
- 原生活在加勒比海与墨西哥湾的物种。
- 夏威夷僧海豹和地中海僧海豹都是"极危"物种。

沙滩上的海狼

克里斯托弗·哥伦布不仅发现了美洲，还发现了加勒比僧海豹，或者至少是他从 1494 年开始将这种动物记录在案的。在其第二次旅行过程中，哥伦布曾在伊斯帕尼奥拉岛（Hispaniola）以外的阿尔塔贝拉（Alta Vela）小岛短暂停留，他在日记中写道，曾看见其船员杀死了"8 只在海滩上睡觉的海狼"。数个世纪以来，欧洲船只每每遇到加勒比僧海豹，见到的景象与第一次见到它们时差别不大。这些肥胖并且不怕人的动物不久之后就成了常规船只的补给来源。18 世纪的文献描写说，渔民们定期到僧海豹的聚集地来大量捕杀它们，以便获得肉和油脂。数十年间，当地甚至围绕这种勾当建立起小型产业，但由于资源的枯竭很快就衰落了。

从 19 世纪 80 年代起，加勒比僧海豹已经相对较少了。收藏标本的人还可以在尤卡坦（Yucatan）半岛找到小群的海豹，并取得数十只样本。收藏于莱顿博物馆内的僧海豹就是 1886 年一同被杀的 48 只海豹中的 1 只，其余的海豹尸体未能全部保存下来。人们在同一时期也曾活捉过几只僧海豹，它们于 20 世纪初被关在纽约的水族馆中，但没有在此处进行繁殖。

20 世纪上半叶，仅存的一些加勒比僧海豹似乎还经常遭到渔民们的追捕，理由是它们导致了鱼群数量的下降。但很可能是渔业的并发反而使最后一批僧海豹的觅食变得愈发艰难。1949 年，国际自然保护联盟最终将加勒比僧海豹列入了 14 种需要提供紧急保护措施的动物名单。但一切为时已晚，1952 年，人们在位于牙买加和洪都拉斯中间的小塞拉纳岛海滩（Serranilla）上最后一次见到少数几只僧海豹，而从那以后，它们就不知所踪了。多次找寻未果之后，该物种终于在 21 世纪被宣布灭绝。

帝啄木鸟

鸟纲　鴷形目　啄木鸟科　学名：*Campephilus imperialis*

- 体长：60 厘米。
- 1956 年左右灭绝。
- 墨西哥马德雷山脉（Sierra Madre）原特有种。
- 寄希望于若干个体单独生活在退化森林中，它们仍常被列为"极危"物种。

最后一组镜头

如果说象牙嘴啄木鸟在北美民间家喻户晓的话，那么帝啄木鸟就要逊色一些。然而，这两种啄木鸟是如此相似，只不过帝啄木鸟的体形更大，它是世界上最大的一种啄木鸟，体长普遍超过半米。不过，这种鸟类的分布区域不广，只限于墨西哥马德雷山脉西部的森林内。考虑到一对啄木鸟需要占据 26 平方千米的原始森林用于觅食，鸟类学家曾计算出它们的种群数量可能不会超过 8 000 只。鸟群基数太少解释了为什么这种有名的鸟类会在无声无息间消失殆尽，几乎未留下任何踪迹。

某些作者认为，当地印第安人喜欢帝啄木鸟雏鸟的味道，不惜砍倒整棵大树来洗劫鸟巢。但这一习俗可能只是风传，火器的使用和严重的毁林可能更是加速这种鸟类在 20 世纪中叶走向灭亡的原因。第二次世界大战之后，捕猎及环境破坏程度加剧，有证据证明人们最后一次见到帝啄木鸟是在 1956 年。若干年之后，对见证人存留文献进行研究的学者们确认，帝啄木鸟可能一直幸存到 20 世纪 70 年代。1993—1995 年间的几次发现报告又为这种动物尚存人间的假设提供了依据，不过，随即展开的寻访工作从没有证实过这种猜想。

但是，20 世纪 90 年代，一段尘封的记忆再次被打开。鸟类学家马钦·拉梅辛克（Martjan Lammertink）从其所在大学的资料中找出了一封信件，该信件提到了一段有关帝啄木鸟的影像。顺着这条线索，他成功得到了影片的副本并加以修复：这组画面拍摄于 1956 年，在几秒钟的影片中，一只帝啄木鸟正沿树干攀爬飞行。不过，这段无意中被发现的影片可能是唯一的帝啄木鸟生活资料，因为背景中出现的森林在很早之前就已经被砍伐或退化了。

灰绿金刚鹦鹉

鸟纲　鹦形目　鹦鹉科　学名：*Anodorhynchus glaucus*

- 体长：70 厘米。
- 可能于 1960 年左右灭绝。
- 原生活在巴西、巴拉圭、阿根廷和乌拉圭的物种。
- 与其他两个濒危物种紫蓝金刚鹦鹉（*A. hyacinthinus*）和靛蓝金刚鹦鹉（*A. leari*）是近亲。

传闻与幻想

尽管不为大众所熟知，但灰绿金刚鹦鹉是最能引起养鸟爱好者议论纷纷和幻想的一种动物。我们必须承认这种鸟类自 19 世纪下半叶开始似乎就已经十分稀少了。也许其靓丽的蓝色羽毛使得它成为猎手和收藏家们的战利品。那时所获得的大部分稀有标本都保存到了今天。莱顿博物馆所拥有的一只灰绿金刚鹦鹉标本来自普拉塔河（Rio de la Plata），另外一具鸟骨架则收藏于 1865 年。

但是在此之后发生了什么呢？根据消失鸟类专家埃罗尔·富勒（Errol Fuller）的说法，有确凿证据证明最后一只灰绿金刚鹦鹉在 1912 年死于伦敦动物园内。确实也有其他证据证明另一只灰绿金刚鹦鹉去世的时间较晚，在 1936 年或 1938 年，地点是布宜诺斯艾利斯动物园。但有人怀疑这只鸟更有可能是靛蓝金刚鹦鹉。更离谱的是，有传闻说个别稀有鹦鹉收藏家还成群地圈养着所谓的灰绿金刚鹦鹉。也有人说偷猎者们在巴西腹地设置陷阱，捕猎只有他们自己知道的最后一批野生灰绿金刚鹦鹉，用于国际走私交易。实际上，这些谣传的根据部分源于两类近似的物种（靛蓝金刚鹦鹉和斯比克斯金刚鹦鹉），但尚无任何明显证据确定上述事件与灰绿金刚鹦鹉有关。

不过，官方尚未将灰绿金刚鹦鹉视为灭绝动物，某些潜在的栖息地还未经过考察，完全排除少数几只灰绿金刚鹦鹉仍生活于某边远密林中的可能性还为时过早。20 世纪 50 年代到 60 年代，人们曾两次疑似观察到灰绿金刚鹦鹉，虽不能肯定，但也未否定。然而，20 世纪 90 年代，组织寻找最后一批灰绿金刚鹦鹉的科学家们一无所获。更糟糕的是，在他们寻访过的印第安人中间，只有一位老人听说过蓝黄金刚鹦鹉，这件事还是出自他父亲之口，据说在 19 世纪 70 年代，他父亲年轻时曾经见到过一只。且不管传闻如何，由此看来，灰绿金刚鹦鹉好像已经消失很久了。

丛异鹩

鸟纲　雀形目　刺鹩科　学名：*Xenicus longipes*

- 体长：9厘米。
- 1972年左右灭绝。
- 新西兰原特有种。
- 现存最接近的物种是新西兰岩鹩（*Xenicus gilviventris*），这种动物也由于同样的原因衰落了。

救助不力

异鹩是新西兰本地特有的小型鸟类，它们的外形和举止与欧洲鹪鹩类似。从前有三种异鹩，其中两种由于遭到被引入群岛内的哺乳动物的捕食而几近消失。第一种快要消失的鸟类只生活在斯蒂芬小岛（île Stephens）上，并因该岛而得名（*Xenicus lyalli*）。很长时间以来，人们传说这种鸟类在1894年被灯塔守卫所养的唯一一只猫全部消灭了。事实上，被引入该岛的猫绝不止一只，只是它们造成的结果相同：仅仅几个月之内，岛上物种就彻底遭到灭绝，这也是岛内小型动物群体不堪一击的最佳例证。

不幸的是，这个教训显然没有被人们吸取。这次遭殃的是第二种异鹩——丛异鹩。与之前的情况不同，这种鸟类的分布区域非常广，覆盖新西兰两座主要岛屿和周边多个小岛。因此，引进的捕食者需要更长的时间才能到遍这种动物的全部藏身之地，而这种鸟类的灭绝也并不使人意外。似乎猫和鼠类自19世纪50年代起就将北岛上的丛异鹩消灭干净了。而在更大的南岛上，20世纪时，人们还可零星见到这种动物，直到1968年为止。

20世纪60年代初，原先丛异鹩生活过的几乎所有岛屿都已经被捕食者占领并扫荡过了。只有一小群丛异鹩独自生活在尚算安全的大南岛（Big South Cape Island）上。可是到了1962年，老鼠进驻了这块仅有的庇护所，并加速了最后一批鸟类种群的消亡。奇怪的是，政府部门似乎不希望事态自然发展下去，并且要在捕食者和猎物之间建立一种几乎不可能达到的平衡。可是直到1967年，政府才最终下定决心允许活捉最后几只丛异鹩并将它们重新安置在临近的凯穆岛（île Kaimohu）上，这里还没有捕食者光顾过。然而为时已晚，人们只找到并运送了6只丛异鹩，不足以在此处扎根落户。最后几只鸟在1972年左右死去。

爪哇虎

哺乳纲　食肉目　猫科　学名：*Panthera tigris sondaica*

- 体长：2 到 2.5 米之间。
- 1979 年左右或稍晚灭绝。
- 印度尼西亚爪哇岛原特有亚种。
- 某些科学家提议将其作为独立的物种 *Panthera sondaica*。

传言与相机陷阱

20 世纪的爪哇岛曾发生过大批的毁林活动。被开垦出来的土地逐渐用于种植水稻、橡胶树、柚木和咖啡豆。因此，爪哇虎只能坐视其领地迅速缩水，这种动物的前途也开始令人担心起来。20 世纪 20 年代到 30 年代，老虎从临近的巴厘岛上消失，人们为了遏止爪哇虎衰落建立了 3 个保护区。但不久之后，刚刚独立的印度尼西亚政治局势不断紧张：20 世纪 60 年代中期，印尼由于政变爆发了内战，数十万人由此丧生。动乱中，作战部队所处的躲避区域与野生保护区存在重合，可能是他们消灭了在此处生存的稀有虎类。确实，人们在 20 世纪 70 年代间见到爪哇虎的机会越来越少，可信度越来越低。不过，到了 20 世纪 80 年代和 90 年代，仍不断有传闻说老虎们生活在爪哇的最后一片边远地带。为此，一直到 21 世纪初，人们曾进行过多次科学考察，通过对村民的调查和诱捕来证实或推翻这些传言。可是他们并未收集到任何具有决定意义的证据，爪哇虎很可能已经在 20 世纪 70 年代和 80 年代之交灭绝了，而之后被发现的猫科动物踪迹是爪哇豹留下的。然而，传言的生命力是顽强的，21 世纪 10 年代，又有新的类似证据不断浮出水面。

距此数千千米之外，另一个早先曾生活在土耳其和格鲁吉亚的虎亚种——里海虎（*Panthera tigris virgata*）也与爪哇虎在同一时期灭绝了。虎类 8 个亚种中 3 个已经灭绝，其他几种老虎的救助情况也令人担忧。其中，最濒危的是苏门答腊虎（*Panthera tigris sumatrae*），偷猎和栖息地的破坏使得它们岌岌可危。由于热带木材出口和油棕榈的种植，印度尼西亚的毁林程度正在继续加重。

关岛阔嘴鹟

鸟纲　雀形目　王鹟科　学名：*Myiagra freycineti*

- 体长：约 12 厘米。
- 1983 年灭绝。
- 原生活在太平洋关岛的特有种。
- 有时被认为是至今仍生活在其他岛屿上的特岛阔嘴鹟（*Myiagra oceanica*）的一个亚种。

蛇类的入侵

　　最近两个世纪内消失的鸟类大部分是岛生物种，它们对于突如其来的捕食者全然陌生，这些捕食者包括：老鼠、猫、鼬和猫头鹰等。可是在关岛上发生的事情略有不同，造成 20 世纪中叶岛上特有野生动物衰落的罪魁祸首是一种蛇。关岛属于美国领土的一部分，"二战"期间曾遭日军入侵，1944 年 7 月重新被美军收复。可能是趁 1950 年左右岛屿重建与修复之机，多条蛇意外地随着物资一同上了岸。它们是棕树蛇（*Boiga irregularis*），属于夜行性树栖蛇类，并很快变成了当地野生动物的可怕捕食者。

　　由于关岛面积较大，蛇类完全占据该岛也花了数年时间。但因蛇本身没有遇到像样的天敌来抑制其扩张，自 20 世纪 70 年代末开始，它们在岛上已经随处可见了。蛇类数量增长的同时，关岛本地鸟类的数量却在下降。所有本地物种及其亚种都衰落了，其中不少种动物彻底灭绝。关岛阔嘴鹟就是消失的动物之一。这是一种蓝橙相间的小型鹟鸟，其巢穴极易受到夜行蛇类的攻击。自 1983 年以后，人们就再没见过这种鸟类。

　　不只是鸟类，关岛蝙蝠也深受蛇类入侵之害，两个当地物种完全灭绝。尽管人们努力保护当地原生物种，但它们的数量还是在几十年间锐减。这些努力至少保住了一种注定灭绝的特有动物——关岛秧鸡（*Hypotaenidia owstoni*），它于 1985 年在野外消失，其中几个种群被圈养保护起来。但这种保护很难持久，原因是岛上蛇的数量太多，无法大规模削减……据最近的统计，岛上生活着 200 万条蛇，即每平方千米就盘踞着 3 000 多条蛇。

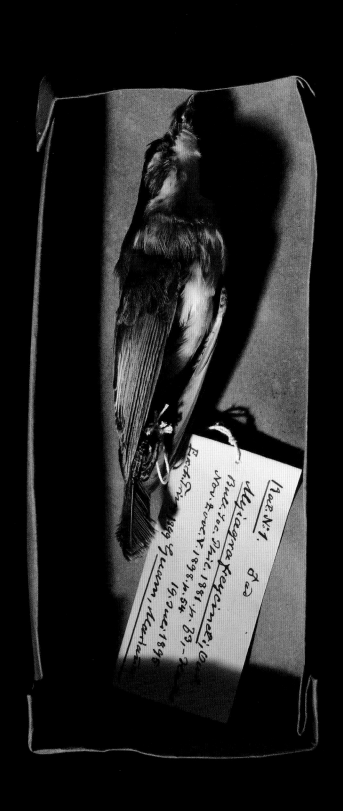

巴氏朴丽鱼

鱼纲　鲈形目　慈鲷科　学名：此处为 Haplochromis bareli

- 体长：约 12 厘米。
- 可能于 1985 年左右灭绝。
- 原生活在（东非）维多利亚湖中的特有种。
- 朴丽鱼属有 200 多种鱼类，其中大部分已经消失。

堕入达尔文的噩梦

朴丽鱼属有超过 200 多个物种，而它们中的大部分产自热带地区最大的湖泊——东非的维多利亚湖，只有少数是例外。几千年来的演化在这个幅员辽阔的湖泊中催生出了数百种独一无二的水生动物。生物多样性如此之丰富也让这个湖泊被人们戏称为达尔文的池塘（Darwin's pond）。可是在 20 世纪 80 年代，一场环境灾难席卷了湖内大部分特有野生动物，一个新的名词应运而生：达尔文的噩梦。自从 2004 年于贝尔·苏佩（Hubert Sauper）导演的纪录片获得成功之后，该水生动物灭绝事件就被大众所熟知。20 世纪 50 年代，英国殖民者将体长将近两米的肉食性鱼类——尼罗尖吻鲈（Lates niloticus）引入了维多利亚湖。这种超级捕食者很快就适应了当地环境。其后的 20 年间，渔民们既可以捕到当地鱼类，也可以享受这种被引进鱼类带来的收成。但是在 20 世纪 80 年代初，这种平衡被打破了。当地鱼类种群一蹶

不振，其中多种鱼甚至难寻踪迹，而尼罗尖吻鲈的数量继续增加。除捕食造成的直接影响外，后来不断出现的水域污染造成了水的富营养化。最终，一种原产自美洲的水生植物——凤眼蓝，入侵了本已受到影响的当地生态系统，使湖泊缺氧。

由于一切事件发生在水下，所以要证明一种鱼是否最终灭绝总是件困难的事情。因此，通常我们只将目光限于某一种鱼，观察它们从捕获数量降低直到完全消失的过程。维多利亚湖中的几十种鱼都经历过这个过程，其中的巴氏朴丽鱼自 1985 年之后就再没出现过。当地生物多样性遭到破坏之前不久，曾有一支荷兰科考队收集到了这种鱼的若干标本，但没有立即对其做出分类。这个物种最终于 1991 年被记录在案，那时它们很可能已经灭绝了。人们设想其他的相近物种可能也无声无息地消失了，留下的只是永远的未知。

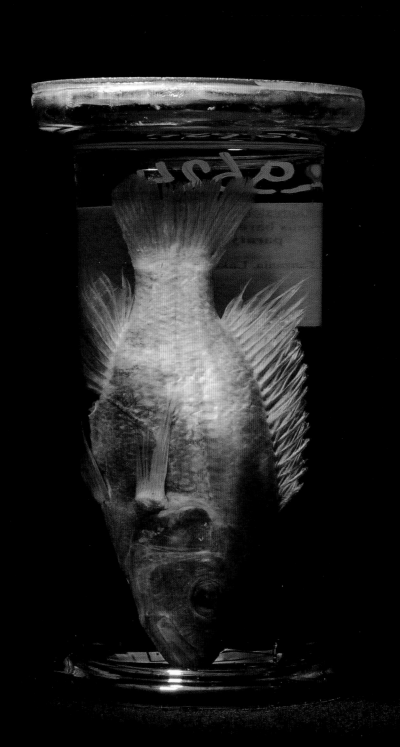

极北杓鹬

鸟纲　鸻形目　鹬科　学名：*Numenius borealis*

- 体长：约 32 厘米。
- 1987 年左右灭绝。
- 原生活在北美洲北部（阿拉斯加和加拿大）的候鸟。
- 有时被列为"极危"物种。

传奇鸟类

在阿拉斯加过夏，在阿根廷潘帕斯高原越冬，极北杓鹬曾是美洲大陆最大的迁徙鸟类之一。但在其漫长的迁徙旅途中，每个阶段都充满危险。应提到的是极北杓鹬无论在迁徙时还是在短暂休息时都是成群结队的，这也就意味着它们每次飞过时都会为当地居民提供大量的腌肉资源，足够未来数个月食用。19 世纪时，枪支的使用越来越频繁，过度狩猎迅速兴起。只要用卡宾枪放上一枪就可以打下半打极北杓鹬，或者趁它们夜间休息时用棍棒对它们大开杀戒，不仅如此，周围的鸟逃开不过几米就又停下了，很容易打到。群居鸟类遇到常见捕食者时常常表现出的这种消极防御方式在面对广泛使用的火器时变得毫无效果。

几十年间，铺天盖地的极北杓鹬群是如此壮观，让人们不自觉地拿它们与旅鸽相比，甚至让它们得了个"草原之鸽"的外号。但是到 1870 年左右，极北杓鹬种群突然间衰落了，这种动物变得越来越少。在 20 世纪人们还可以打到几十只极北杓鹬，两次世界大战之间还可零星见到这种鸟类，而之后，它们就被宣布灭绝了。1955 年，加拿大鸟类学家弗雷德·博兹沃思（Fred Bodsworth）受该事件启发创作了短篇博物学小说《最后的杓鹬》（*Last of the Curlews*），书中讲述了最后一批极北杓鹬，这种在错误时间出现的鸟类是如何迁徙并繁殖失败的。

弗雷德·博兹沃思的想法稍稍超前了。1962 年，人们在极北杓鹬每年迁徙的线路上又拍摄到几只鸟。另外还有一些有一定可信度但没有完全证实的发现，一次发生在 20 世纪 60 年代末，甚至在 80 年代还有记录。然而从那之后，尽管人们在阿拉斯加和阿根廷频繁进行搜寻，却没有见到任何极北杓鹬的影子。官方信息显示，国际自然保护联盟和加拿大政府依然将其列为极危物种。可实际上，就算重新发现了几只极北杓鹬，要想彻底阻止其灭绝的进程可能已经来不及了。

考艾岛吸蜜鸟

鸟纲　雀形目　吸蜜鸟科　学名：*Moho braccatus*

- 体长：约 20 厘米。
- 1987 年左右灭绝。
- 原生活在（太平洋夏威夷群岛）考艾岛的特有种。
- 左幅图片是 1934 年左右灭绝的近似物种夏威夷吸蜜鸟（*Moho nobilis*），右幅图片是考艾岛吸蜜鸟。

最后的吸蜜鸟

原生活在夏威夷群岛上的众多特有种当中，吸蜜鸟是最为奇特的一类动物。曾经存在过 4 种吸蜜鸟，它们各自生活在不同的岛屿上，并且都披着黑黄两色的羽毛。这 4 种吸蜜鸟因为欧洲殖民者的强势来临扰乱了其自然生态环境而在几十年内全部消失了。

欧胡吸蜜鸟（*Moho apicalis*）曾在欧胡岛上生活，它们似乎从 19 世纪 30 年代起就不见了，博物学家们甚至都没来得及一睹它们的真容。人们同样知之甚少的还有毕氏吸蜜鸟（*Moho bishopi*），它们于不久之后的 1892 年在莫洛凯岛（Molokai）上被发现，并且到 1904 年以后就难寻踪迹了。与前两种鸟类不同的是，第三种吸蜜鸟虽然消失了，但在当地民间传说中留下了大量踪迹：夏威夷吸蜜鸟曾生活在群岛内最大的岛屿上，它的黄色羽毛被大量用于制作皇家典礼法袍和饰品。此类吸蜜鸟似乎曾一度在 19 世纪末期十分繁盛，因为据说猎人们在 1898 年还能打到 1 000 只这种鸟类。不过，此后它们的数量就越来越少，直至 1934 年左右彻底消失。

因此，第二次世界大战之后，只剩下生活在考艾岛上的唯一一种吸蜜鸟。它是所有当地吸蜜鸟中体形最小、色彩最朴素的一种。19 世纪末期，它们的数量很多，人们还可在该岛各处见到它们。可是从 20 世纪 30 年代开始，它们放弃了海岸，只栖身在考艾岛深处海拔较高的潮湿森林里。1975 年，甚至还有若干学生在这片最后的吸蜜鸟藏身地内拍摄到了它们，而多年之后，这些学生才明白，他们偶然间拍到了最后一批考艾岛吸蜜鸟的照片。最后一对考艾岛吸蜜鸟在 1981 年还露过一小面，可是雌鸟在 1982 年飓风"伊瓦"（Iwa）过后就消失了，1985 年左右还可以看到雄鸟，而最后一次听闻它的有关信息是在 1987 年，此后便再无下文。这 4 种动物的灭绝让人们联想到吸蜜鸟作为夏威夷群岛最特殊的鸟类，与群岛其他鸟类一样，在被引入的禽类疾病（靠蚊虫在整个群岛传播）面前是多么不堪一击。

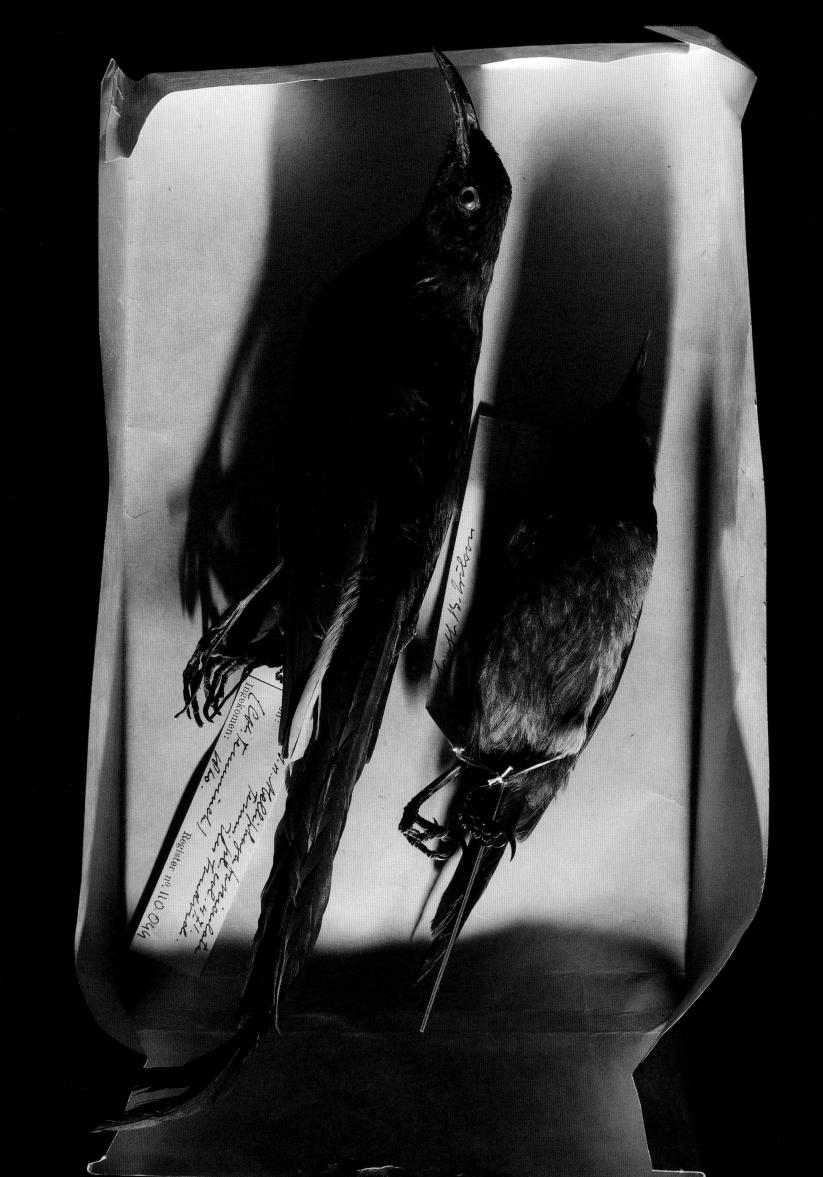

基多斑蟾

两栖纲　无尾目　蟾蜍科　学名：*Atelopus ignescens*

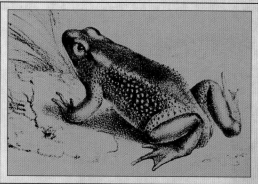

- 体长：约 5 厘米。
- 可能于 1988 年左右灭绝。
- 原生活在（南美洲）厄瓜多尔山区的特有种。
- 斑蟾属有 90 余种动物，其中大多数属于濒危物种，有的甚至已经灭绝。

批量灭绝

1981 年，一支荷兰科考队对厄瓜多尔安第斯山脉科托帕西（Cotopaxi）火山附近海拔将近 4 000 米的潮湿地带进行了探查。学者们在山峰上见到了多种当地特有两栖类动物，尤其是南美洲独有的斑蟾属蛙类。3 月 5 日清晨，他们着手收集黑色蛙类的样本，这种基多斑蟾数量可观。由于这种蛙类在山坡间移动时不会利用草丛隐蔽行踪，所以收集起来比较容易。不到两个小时，队员们就逮到了十余只，与此同时，他们还见到了更多的斑蟾。其中 4 只被活捉的斑蟾被带回了荷兰，但圈养了仅仅一个月就死去了。

这些样本落地荷兰莱顿博物馆时，野生基多斑蟾还相对较多。不过几个月之后，它们的数量就开始急剧下降，并且从 1988 年开始就再也找不到它们了。随后进行的大量搜寻工作最终确认这种动物以前所未有的速度灭绝了。而这并不是孤例，因为在同一时期，另外几种斑蟾也遇到了类似的困境：某些种类的斑蟾灭绝了，其他的也在短期内受到生存威胁。由于这种动物即使身处国家公园等保护区内也难逃消失的厄运，这种批量灭绝事件就变得越发令人担忧。

根据国际自然保护联盟的统计，今天，世界上有超过 40% 的两栖类动物面临着灭绝的危险，其程度比鸟类和哺乳动物更甚。然而，相比于这两类动物，蛙和蟾蜍等动物又很难引起大众的关注。蛙类经常受到潮湿栖息环境被人为改造和污染的影响，某些蛙类则有意或无意间沦为捕食者的口中餐。不过，基多斑蟾可能明显死于壶菌病，人们对这种新发现的疾病了解不多，但它确是造成各大洲两栖类动物普遍大量死亡的主要原因。

暗色辉椋鸟

鸟纲 雀形目 椋鸟科 学名：*Aplonis pelzelni*

- 体长：18 厘米。
- 1995 年后绝迹。
- 原生活在（密克罗尼西亚）加罗林群岛的波纳佩岛（Pohnpei）上的特有种。
- 有时被列为"极危物种"。

一场空欢喜

1876 年，根据某波兰博物学家从加罗林群岛带回的一例鸟类样本，德国鸟类学家奥托·芬舍尔对暗色辉椋鸟进行了科学描述。几个月之后，芬舍尔辞去了在不莱梅博物馆的职务，全身心投入旅行并于 1880 年成功游历该群岛。到达波纳佩岛后，他终于见到了活生生的暗色辉椋鸟，而在这之前，他只与其尸体打交道。那时，波纳佩岛上的暗色辉椋鸟数量还很多，而临近的库赛埃岛上，有一种近缘鸟类却灭绝了。20 世纪 30 年代，它们还比较多，因为惠特尼南海探险队的成员们尚能在几天之内就捕获 60 只库赛埃岛辉椋鸟。

可是不久之后，暗色辉椋鸟的数量突然急剧下降。它们出现的频率越来越低，直到 1956 年，人们就见不到它们的身影了。就在同一年，鸟类学家乔·马歇尔（Joe Marshall）还打到了两只暗色辉椋鸟，这两只鸟的皮毛现被收藏于华盛顿。此后，这种鸟类的销声匿迹使人们认为它已经消失了。20 世纪 70 年代和 80 年代之交，有传言说

在该岛的山区还可以捕猎到暗色辉椋鸟，人们为此进行过多次科考活动，以便搜寻这种鸟类。但是，人们在考察期间没有找到任何辉椋鸟，鸟类学界在不久后认为这个物种已经在灭绝进程中。

惊天喜讯出现在 1995 年，鸟类学家唐纳德·布登（Donald Buden）提供了一件自认为是暗色辉椋鸟的皮毛，经验证后，这确是一张雌性暗色辉椋鸟的皮毛。一位向导在得知科学家们正在急切寻找这种鸟类之后，马上就打下一只送到布登这里。此后数年内，探寻幸存暗色辉椋鸟的活动又迅速升温，但人们再次无功而返，没有得到具有决定性意义的证据。无法得到确凿的资料，这使人们认为，即使暗色辉椋鸟尚存人间，数量也不会太多。它们很可能遭到了猎杀、鼠类的捕食并忍受着栖息地减少之苦。如今，这种鸟类仍然被国际自然保护联盟列为极危物种，大家还期待有新的惊喜发生。不过，要找到可持续生存的暗色辉椋鸟种群，难度堪比登天。

姬伞鸟

鸟纲　雀形目　伞鸟科　学名：*Calyptura cristata*

- 体长：约 8 厘米。
- 1996 年后绝迹。
- 原生活在巴西东南部里约热内卢附近的特有种。
- 虽常被列为"极危物种"，但不能确定该物种是否尚存。

得而复失

姬伞鸟的颜色与体形和欧洲戴菊莺类似，它们生活在巴西东南部里约热内卢周边的森林里。这种小鸟很难被发现，只能凭其响亮的叫声来断定它们的位置。人们在 19 世纪曾收集到 50 余只姬伞鸟，但这种鸟类在之后的百余年间再没有出现过。数十年过去了，专家们最终对其生存状况提出了严肃疑问，某些专家认为这个物种很可能已经灭绝了。

因此，当姬伞鸟于 1996 年 10 月在奥尔冈斯山脉（Serra dos Órgãos）国家公园边缘处的一片森林里再次现身时，着实令人们吃了一惊：这种动物简直是起死回生了。但之后的寻访工作没有重新找到任何该鸟类的踪影，这使学者们再次陷入了困惑。显然，就像它们在之前一个多世纪所做到的那样，可能有几只姬伞鸟逃过了观察者们的追踪。不过，这种情况证明该鸟类已经十分稀少了，若是这种动物没有灭绝，那它们也一定徘徊在灭绝的边缘，幸存者无几。在这种怀疑的驱动下，制定保护政策势在必行，但这些政策也遇到了困难，因为有关姬伞鸟生态环境的可用资料极其匮乏。它们在哪里生活？在哪里筑巢？以什么为食？如果我们认定毁林是造成其衰落的主要原因，那可能还有其他的因素导致这种情况的发生吗？所有这些内容通常都是划定保护区范围或制定待采取的紧急保护措施所必须了解的资料。不幸的是，除 19 世纪仅有的一份观测文件外，鸟类学家不得不在这个布满不确定性的领域工作。因此，似乎首要任务是成功找到尚存世间的姬伞鸟种群，为此，人们正在该物种的潜在栖息地中进行系统性访查。不过，与此同时，伐木工作还在继续。

短镰嘴雀

鸟纲　雀形目　燕雀科　学名：*Hemignathus lucidus*

- 体长：约14厘米。
- 1998年左右灭绝。
- 原生活在（太平洋）夏威夷群岛的特有种。
- 此篇后续的照片所表现的是两种近缘物种：大绿雀和长嘴导颚雀。左图展示的是短镰嘴雀和长嘴导颚雀。

定时炸弹

19世纪末，博物学界曾掀起过一股夏威夷特有野生动物热潮，那时人们才开始意识到当地野生动物不仅仅是独一无二的，并且正在迅速减少。对许多鉴赏家来说，他们必须在这些动物灭亡前收集到尽量多的标本。导颚雀是稀有鸟类行列中最受追捧的一种。它们细长的喙时而适于捕猎昆虫，时而适于采蜜，这种黄绿相间的小型鸟类无论是在形态还是在种类上都十分丰富。已知的几种导颚雀的数量曾一度增加，但最终只剩下10余只，并且它们之间的差别很小，在今天看来，其科学价值有待商榷。但共同的一点是：所有种类的导颚雀均已衰亡。

某些种类的导颚雀以极快的速度消失了，如大颚雀（*H. sagittirostris*），它们于1892年被发现，很可能在1901年之后便灭绝了。其他种类的导颚雀留给人们更多的时间去研究它们，但人们还没来得及落实保护措施，它们也都消失了，符合这种情况的有大绿雀和长嘴导颚雀，它们分别于1940年和1969年灭绝。这些鸟类没有遭到严重的猎杀，它们走向灭绝应归咎于一些难以克服的现象：毁林和栖息地的缩小，哺乳动物被引入群岛后大量繁殖，尤其是蚊子造成了新型禽类疾病的传播。

从此之后，夏威夷特有野生动物的保护成了重中之重，但导颚雀们的灭亡进程并没有停止，它就像一颗定时炸弹一样，人们再也无法知晓如何让它停止。20世纪90年代，人们在茂伊（Maui）岛上圈出一片面积达数公顷的林地，并将其中的鸟类捕食者清除一空，目的是希望再次找到多种濒临灭亡的鸟类。人们确实曾在这里见到过十分稀有的短镰嘴雀。然而，尽管位于保护区内，1998年之后就再也找不到这种鸟了，这让人们相信，出于同样的原因，短镰嘴雀也已经灭绝了。

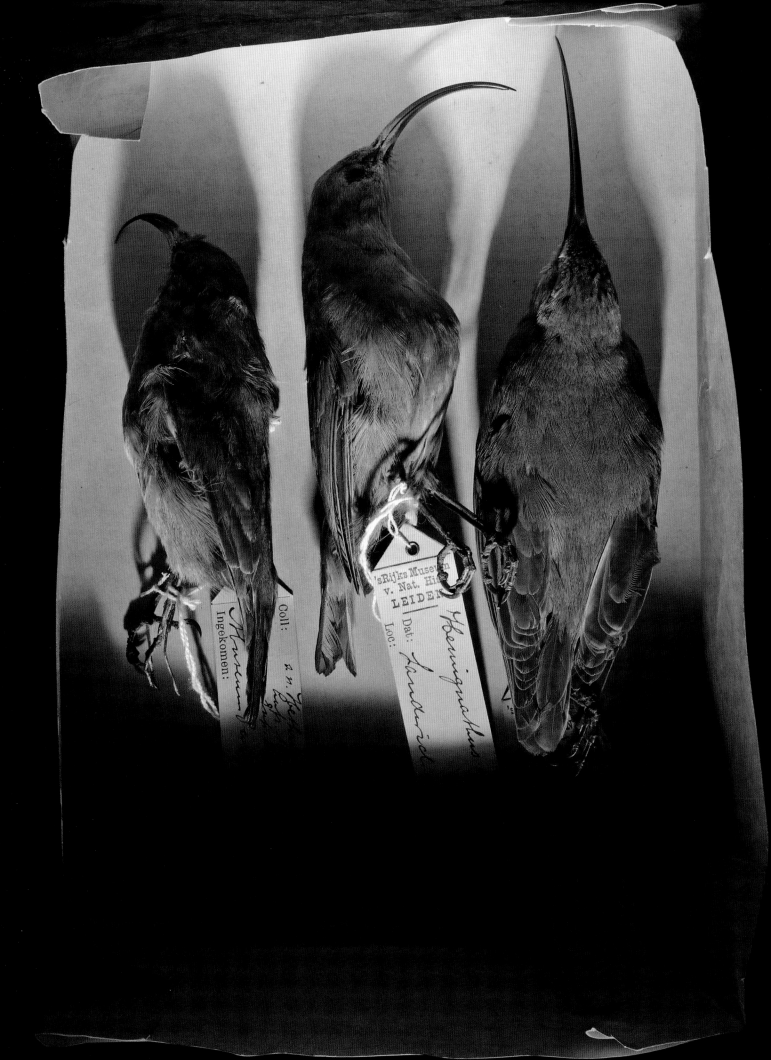

细嘴杓鹬

鸟纲　鸻形目　鹬科　学名：*Numenius tenuirostris*

- 体长：38 厘米。
- 2006 年后绝迹。
- 分布区域不定的候鸟，筑巢地点可能位于俄罗斯，并在摩洛哥越冬。
- 常被列为"极危物种"。

直接灭绝

自最后一批大海雀在 1844 年灭绝后，欧洲再没有鸟类灭绝。不过，尽管博物学界付出了巨大的努力，恐怕今天也无法阻止另一次灭绝的发生。这次的焦点鸟类是欧洲最小的杓鹬：细嘴杓鹬。它们的数量在整个 20 世纪间大幅度减少。起初，这种鸟类并不十分稀有，细嘴杓鹬在进行大规模迁徙时，人们还在法国见到过它们并打下好几只。它们从哪里来？要到哪里去？长期以来，这些都是未解之谜，至今疑点尚多。人们推测细嘴杓鹬在俄罗斯某地筑巢，但具体位置不得而知，并且它们大部分会飞到摩洛哥的湿润地带过冬。

1900 年之前，细嘴杓鹬在欧洲还是比较常见的鸟类，可经历了 20 世纪之后，它们却变成了欧洲最稀有的鸟类。20 世纪 80 年代，人们见到它们的次数还有上百次，在 90 年代是八十余次，而到了 2000 年左右只有寥寥十几次。与此同时，细嘴杓鹬彻底从其最后的惯常越冬地——摩洛哥迈尔宰尔加（Merja Zerga）潟湖消失了。如今，人们再也无法确定这种动物位于何处，最后一次确切观察到它们是在 2004 年，而最后一次疑似见到这种动物是在 2006 年。

很明显，灭绝模式已经开启，而且进度迅猛，这种动物甚至可能已经消失。抱着这种疑问，专家们明确呼吁要尽力进行保护，何况这种努力对保护其他正在衰亡的物种也是有益的。不过，这方面的工作被证明异常困难，细嘴杓鹬衰落的具体原因不明。很可能是捕猎以及越冬地区潮湿环境变得干旱而对其数量造成了重创，然而，恐怕其位于俄罗斯某处的主要筑巢地区也遭到了破坏。我们唯一的希望是还有最后一批细嘴杓鹬隐秘地生活在尚未被鸟类学家探查过的地区，并远离传统迁徙路线。但随着时间的推移，这样的地方似乎变得越来越不可能存在。

第四章
变化和争论

在排除所有合理怀疑之后，我们确信某个物种已经没有活着的个体时，通常就认为它灭绝了。尽管灭绝的定义简单明了，但就个例来说，这个定义受到了挑战，产生了与其主旨不尽相同，甚至是相互矛盾的情况。首先，有些在"排除所有合理怀疑之后"被认定灭绝的动物又意外地被人重新发现了，虽然有这种情况存在，但不多见，而且仅限于苏门答腊兔等行踪隐秘的小型夜行动物。对于那些无望在野外重新发现的物种，有人希望借助基因手段或人工选育使消失的物种获得重生。当前，这种异想天开的行为只会产生颇具争议的结果，其中最有代表性的要数原牛的再造。最后的问题涉及那些虽然在野外已经灭绝，但仍保留圈养种群，并可能会被放归自然的物种。与彻底灭绝相比，这种情况显然还没有那么糟糕，并且，它有时还确实是动物拯救过程中的一个决定性阶段。但这种手段通常要冒极大的风险，因为成功放归自然是有条件的，其中之一就是要为首批圈养长大后放归自然的动物们保留或重建一个适于其生存的栖息地。

爪哇犀牛

哺乳纲　奇蹄目　犀科　学名：*Rhinoceros sondaicus*

- 体长：可达 3.2 米。
- 仅存 50 余只。
- 原生活在东南亚和印度尼西亚（爪哇和苏门答腊）的物种。
- 被列为"极危物种"。

（本篇后续照片为一只没有角的幼崽标本。）

岌岌可危

在世界现存的几种犀牛当中，数爪哇犀牛最为前途未卜。人们在 19 世纪时还可在孟加拉国到越南的大部分东南亚地区以及爪哇和苏门答腊岛遇到它们。由于它们毁坏作物并成为狩猎者追寻的战利品，这种动物在数年间遭到大量猎杀，导致其中一种生活在孟加拉国和缅甸的亚种——"印度爪哇犀牛"（*R. s. inermis*）在 1925 年首先灭绝。

同时代，对生活在亚洲大陆的另一个亚种——"越南爪哇犀牛"（*R. s. annamiticus*）来说，它们的数量也急剧减少，只剩下少数种群还生活在越南，而 20 世纪 70 年代，人们认为越南爪哇犀牛已经在战争中被消灭了。不过，20 世纪 80 年代末，人们在一座山谷里又找到了越南爪哇犀牛，这座山谷后被划归吉仙（Cat Tien）国家公园。然而，由于 21 世纪之初的偷猎活动，最后一批越南爪哇犀牛的数量又开始持续下降，仅仅剩下十余只雌性犀牛，没有雄性犀牛。最后一只越南爪哇犀牛的尸体在 2010 年末被发现，它是被枪杀的，并且犀牛角被人割去，犀牛角很可能被制成粉末后当作春药出售。

这两种大陆亚种已经灭绝，只剩下唯一的亚种"印度尼西亚爪哇犀牛"（*R. s. sondaicus*）。虽然这种犀牛已经从苏门答腊岛消失，但有一小群犀牛（不足 50 只）生活在爪哇岛西部的乌戎库隆（Ujong Kulon）半岛上。由于该区域受到严密监控，所以现阶段，最后这批爪哇犀牛似乎躲过了偷猎者的枪口。但情况还是不容乐观，幸存的犀牛还要面对诸多威胁：疾病、海啸或临近的喀拉喀托（Krakatoa）火山的喷发（世界上喷发最为猛烈的火山之一），这些因素都可在瞬间加速这种动物的灭亡。而犀牛的繁殖较慢，要重新达到可持续生存的数量需要数十年的时间。因此，这种动物岌岌可危，可以说，爪哇犀牛是未来世界上濒危程度最高的大型陆生哺乳动物。

苏门答腊兔

哺乳纲　兔形目　兔科　学名：*Nesolagus netscheri*

- 体长：40 厘米。
- 1972 年和 21 世纪被重新发现。
- 生活在印度尼西亚苏门答腊岛西海岸森林中的特有种。
- 根据不完整资料，它被国际自然保护联盟列为"极危"物种。

多次现身

1879 年，一张奇特动物的毛皮在荷兰莱顿博物馆内展出，这张皮属于一种带有条纹的怪异兔类，它来自苏门答腊岛西海岸。动物学家赫尔曼·施莱格尔（Hermann Schlegel）一见到这张毛皮便立即断定这是一个新的物种。其后数年间，欧洲人成功收集到几只这种令人惊叹的动物标本，但始终没能弄清这种印度尼西亚兔类的生存环境和生活方式。直到 1913 年，荷兰动物学家爱德华·雅各布森（Edward Jacobson）终于提供了相关资料：在苏门答腊岛居住期间，他成功地找到了几群苏门答腊兔。资料显示，这是一种相当稀有的夜行动物，分布区域相对有限。曾有一些荷兰殖民者偶然猎杀过它们，但大部分当地居民对这种谨小慎微的兔子不屑一顾。

人们在 20 世纪 20 年代又见过几次苏门答腊兔，随后的几十年间，再没有人宣称看到过这种动物。它一度被认为已灭绝，直到 1972 年，这种兔子重新出现在苏门答腊山区的某处林地里。这次之后，它又无声无息地消失了很长一段时间。尽管人们制订了保护计划，但从没有得到过资助。20 世纪 90 年代，由于 20 多年来缺乏可靠的观察资料，国际自然保护联盟将苏门答腊兔列入了"极危"物种名单。我们可将其看作世上最稀有和最神秘的动物之一。

尽管如此，21 世纪初，相机陷阱技术多次证明还有一小部分苏门答腊兔生活在该岛上，但行踪十分隐秘。至少它们在两座国家公园中出现过，分别是葛林芝塞布拉（Kerinci Seblat）和南巴里桑山（Bukit Barisan Selatan）国家公园。这足以证明苏门答腊兔既没有灭绝，也不是极危物种。然而，专家们还是为这种动物的前途担忧，因为它们不堪人类之苦，眼睁睁地看着其分布区域逐步被可可树、咖啡树和茶树等作物占领。

原　牛

哺乳纲　偶蹄目　牛科　学名：*Bos primigenius*

- 马肩隆高：雄性可达 2 米。
- 1627 年灭绝。
- 原分布在亚欧大陆和地中海地区的物种。
- 20 世纪 20 年代以来，它一直是备受争议的重建实验的主题。

充满争议的再造

已经消失的物种可以被再造吗？基因技术的进步屡屡让这个问题成为关注焦点，并且对相关动物来说，有两种再造方法值得期待。第一种尚处在假设阶段：它是要通过博物馆中收藏的标本，将某种灭绝动物，例如猛犸象或袋狼的基因组进行重建。这种办法从技术上来说充满想象力，但在操作上碰到了不少障碍：重建若干个体并不能再造基因的多样性，但后者才是使种群具有延续能力的关键。许多物种灭绝的原因是它们赖以生存的环境已经消失了，因而要想让它们重返自然是困难的，成本太高，如果有人为再造具有代表性的物种提供资金的话，那他们所资助的对象也绝不会是那些大量消失的无脊椎动物。

第二种方法，是对那些尚存近缘种的消失亚种而言的。人们选取在体质和行为特点上与消失动物最为接近的个体，期待其下一代更加接近消失的物种。此类计划已经展开并获得了一定的成功，例如斑驴和开普狮，就是通过它们尚存于世的近缘种来进行再造的。但是原牛是个特例，因为它们已经没有幸存下来的近亲了，但是其后代众多：今天所有种类的家牛都是其后代。

从史前时代一直到中世纪的 1627 年左右，野生原牛被猎杀殆尽，已知的最后一头原牛被杀死在波兰的森林里。20 世纪 20 年代，德国启动了首批通过家牛"再造"原牛的计划。时至今日，通过该计划得到的动物确实与以前的石雕原牛作品在外形上有些相似。不过，形似不一定神似，在确定没有被蒙骗后，许多专家更喜欢将这种再造动物称为"新原牛"。由此，他们指出了另一个风险：由于此类活动让我们幻想着掌握了再造灭绝物种的能力，那会不会导致我们降低对濒危物种的保护力度呢？

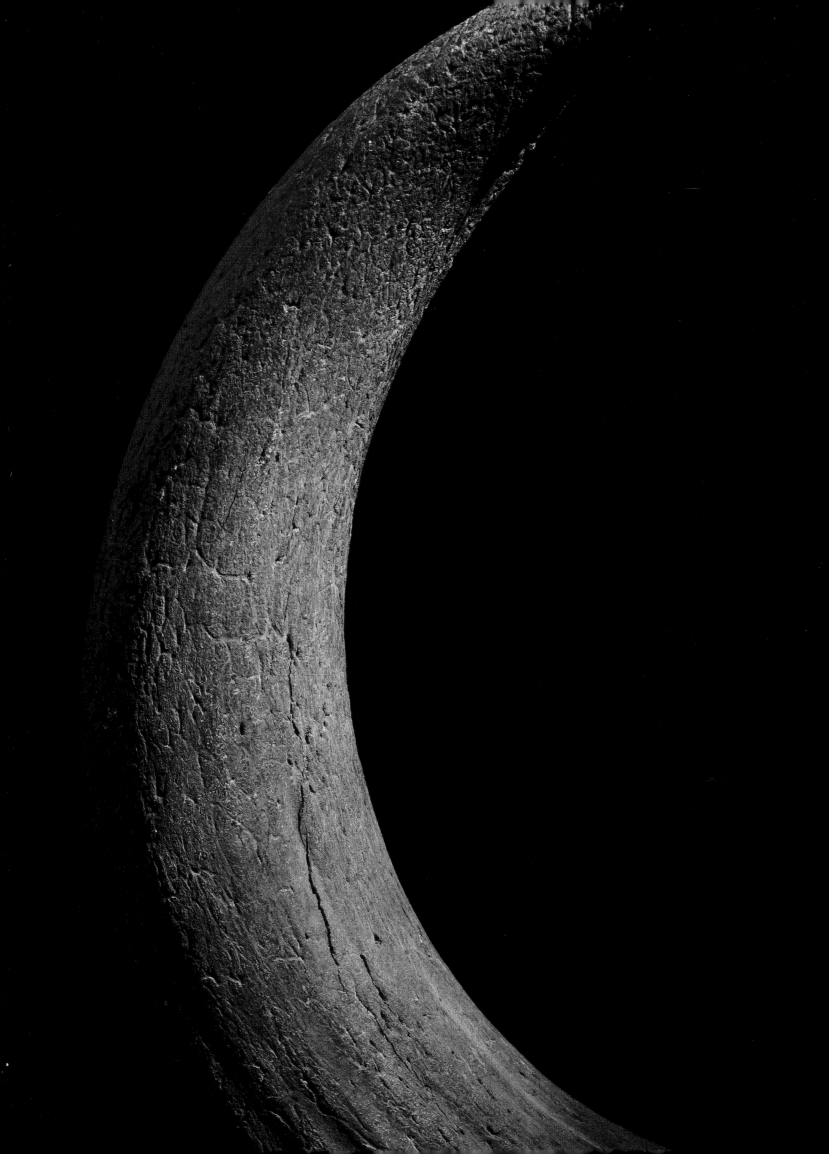

鸮鹦鹉

鸟纲　鹦形目　鸮鹦鹉科　学名：*Strigops habroptila*

- 体长：约 60 厘米。
- 1997 年左右从其原栖息地消失。
- 原遍布新西兰的物种。
- 因尚存一小群鹦鹉，所以被列为"极危物种"。

被软禁的居民

在欧洲殖民新西兰之前，鸮鹦鹉就生活在新西兰的两座主岛上，它们是在这里能遇到的最令人惊叹的鸟类之一。鸮鹦鹉除了是世界上最大的鹦鹉之外，还是一种不能飞行的夜行鸟类，它们靠爪子和喙来攀爬树木，以便获得高处的果实和种子，然后重新降落到地面，返回巢穴。在没有任何可怕捕食动物的情况下，鸮鹦鹉在地上生活并不是问题。但事态迅速发生了变化，群岛上猫、鼠和小型肉食动物的数量开始增加。不仅如此，这种奇特的动物非常受捕猎者的欢迎，他们将捕到的鸟类提供给收藏家和博物馆。

鉴于鸮鹦鹉种群衰落严重，人们自 19 世纪 90 年代开始尝试出台了各种保护措施。捕食性哺乳动物的存在似乎非常不利于鸮鹦鹉的存活，数十只鸮鹦鹉被捕获并放生到没有捕食动物出没的临近小岛上。不过长期以来，这些努力都以失败告终，鸮鹦鹉要么自然死亡，要么被进入这些岛屿的捕食者杀死。20 世纪 70 年代初，鸮鹦鹉已经成为稀有物种，仅有几只雄性鹦鹉尚存，它的灭亡似乎在所难免。尽管如此，1977 年，人们在对斯图尔特（Stewart）岛的一次科学考察中发现了最后几十只鸮鹦鹉：这些鸟类虽没有受到小型食肉动物的影响，但猫对它们的捕食程度已经十分严重。如果坐视不理，这批鸮鹦鹉将会消失，进而加速这种鸟类的灭亡。

1982—1997 年，所有尚存的鸮鹦鹉都被转移到没有捕食者的岛屿上。人们持续对这些保护地进行监视，生怕哺乳动物以这样或那样的方式登陆这里。在下降到 50 余只之后，鸮鹦鹉的数量开始缓慢回升。尽管救援工作已经走入正轨，但总共不到 130 只鸮鹦鹉分处三地，它们依然属于极危物种。尤其是，它们要生存下去，似乎只能指望这些仅有的、永远与世隔绝的微型岛屿保护区了。

斯比克斯金刚鹦鹉

鸟纲　鹦形目　鹦鹉科　学名：*Cyanopsitta spixii*

- 体长：约 56 厘米。
- 2000 年时野外状态下灭绝。
- 原生活在巴西东北部的物种。
- "极危物种"，被看作未来世界最濒危的物种之一。

野外状态下消失

1819 年，德国博物学家约翰·巴普蒂斯特·冯·斯比克斯（Johann Baptist von Spix）在巴西东北部的原始森林深处首次打到了灰头蓝身的金刚鹦鹉，随后这种鹦鹉便以他的名字命名。但是斯比克斯还不知道，他是少数几名在野生状态下偶遇过这种动物的欧洲人之一。在随后的数十年中，所有进入动物园或被私人收藏的斯比克斯金刚鹦鹉均是被人设置陷阱捕获的，但这些猎人没有透露过具体的动物来源地。直到 20 世纪 60 年代，这些鸟类一直通过合法的商业途径被轻松转卖。随后出台的首批巴西野生动物保护措施以及国际协议禁止对濒危物种进行交易。

稀有的斯比克斯金刚鹦鹉由此得到了保护，但是，收藏者们对它们的兴趣丝毫未减。斯比克斯金刚鹦鹉供应链条还远没有被瓦解，它们又暗地里被重新组织起来，每只鹦鹉的价格可以谈到几千美元。20 世纪 80 年代和 90 年代，若干科学家开始争分夺秒地寻找最后一批野生斯比克斯金刚鹦鹉，并保护其免受陷阱捕猎者的威胁，但他们开始得还是太晚了，被找到的斯比克斯金刚鹦鹉不足半打，并且由于偷猎和自然死亡，它们很快就消失了。最后一只雄性野生斯比克斯金刚鹦鹉在 2000 年销声匿迹。

从此之后，巴西政府启动了圈养鹦鹉繁殖计划，期待最终将斯比克斯金刚鹦鹉重新引入自然界中。不过，这项计划的实施困难重重：现有的百余只斯比克斯金刚鹦鹉中，有一大部分属于私人收藏，其中就有数十只被某个热衷于收集稀有动物的卡塔尔富豪酋长占有。此外，我们也担心近亲繁殖的问题。特别是，一方面，为走私活动而进行的偷猎还很猖獗；另一方面，毁林活动还在继续，在这两种导致斯比克斯金刚鹦鹉消失的问题都尚未得到处理的情况下，要想使这种鸟类重新回归巴西无异于痴人说梦。退一步讲，即使现存的斯比克斯金刚鹦鹉貌似暂时得到了保护，它们想要马上飞出牢笼也还不是时候。

加州神鹫

鸟纲　鹰形目　美洲鹫科　学名：*Gymnogyps californianus*

- 体长：约 130 厘米。
- 1987 年在野外灭绝。
- 重新被引入美国西南部和墨西哥东北部的物种。
- 由于需要接受医学护理，被列为"极危"物种。

医疗救助对象

加州神鹫是一种翼展接近 3 米的大型食腐鸟类，在首批欧洲殖民者到达北美洲时，它们曾遍布美国西海岸。随后，加州神鹫的数量在 19 世纪和 20 世纪迅速减少，导致它们衰落的原因有以下几点：捕猎和窃蛋以供收藏家所用，尸体被用于毒杀郊狼，碰撞高压线和生存环境的恶化……并且，这种鸟类尤见死于铅中毒。事实上，许多加州神鹫在吃掉被猎人杀死的动物残骸后死于铅中毒。1981 年，这种鸟类的数量只剩下 22 只，它们似乎即将走向灭亡。

然而，一个大型保护项目阻断了其灭绝的进程。相关工作是有风险的，因为需要活捉所有幸存的加州神鹫，以便其脱离受到污染的环境，并且它们要能够在圈养的条件下进行繁殖。最后一只野生加州神鹫在 1987 年被捕获，这相当于该动物在野外灭绝了。这种行为曾引发了激烈的争论，某些人担心该鸟类被圈养后不再能够重新适应野外生活环境。不过，到 1992 年为止，当初这些圈养的加州神鹫已经从一小群增长为一定数量，增速令人满意，笼中出生的加州神鹫可以被放归加利福尼亚州，因此，今天有数十只加州神鹫在野外自由翱翔，加上那些圈养的鹫鸟，最近它们的总数量上升到了 400 只。

可是，加州神鹫还一直被列为极危物种，它们的实际数量并不多，特别是还需要不断依赖医学救助。成年加州神鹫可以飞行数十千米进行觅食，并早晚会死于铅中毒。所以，需要定期重新捕获它们以便对其进行护理，否则，它们的种群难以维系。所有这些工作每年需要花费约五百万美元，不然的话，这种动物就会迅速消失。时至今日，枪支利益集团继续反对实行唯一一种更加具有可持续性的解决方案，因为这项方案要求禁止使用含铅的弹药进行狩猎。

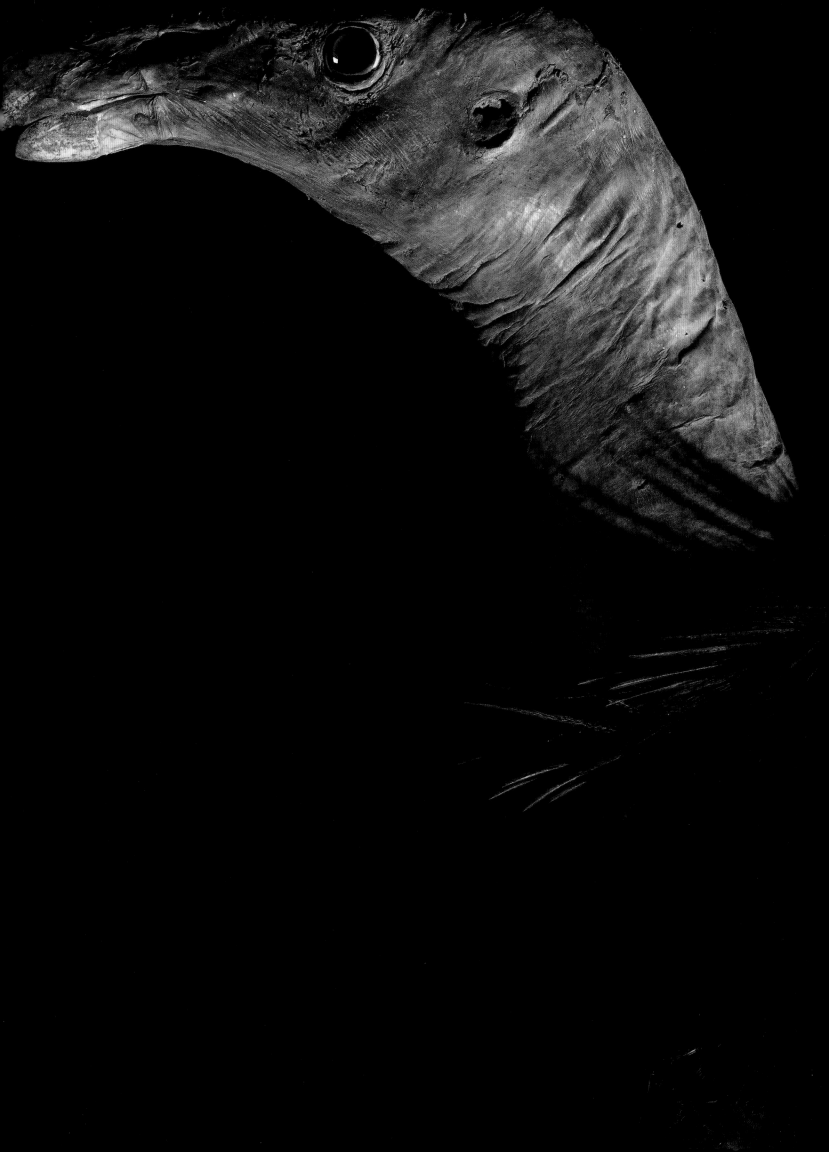

词汇表①

Aire de répartition 分布范围

　　某物种的分布范围是它所处的地理区域。这个区域可能是连续的或离散的（尤其是对于迁徙物种而言）。这个范围之外的自然条件通常不利于这个物种生存。

Aviaire 禽类的

　　该词与鸟类和其饲养或疾病有关。

Biodiversité 生物多样性

　　指生活在各个层次上的世界的多样性。作为生物多样性的可以从五个层面来考虑：生态系统物种、种群个体和基因。

Cycle de reproduction 繁殖周期

　　与"生殖"是同义词。在有性繁殖范畴内，它指新个体产生所经历的各个阶段。

Écosystème 生态系统

　　由某种环境（群落生境）和在其中繁衍生息的物种共同形成的系统。

Épizootie 动物流行病

　　动物所患的流行疾病。

Ère glaciaire 冰河时期

　　这个时期的特点是温度下降导致冰川的大幅度扩张。第四纪时期曾经历过 7 次大型冰川作用，

最后一次是在距今 11 000 年前结束的。

Espèce 种

　　具有共同解剖学、形态学和生理学特征的，并且可以繁殖出与它们相似的并且也具有生育能力之个体的生物群。生物分类中，"种"位于"属"之下，种自身还包括不同亚种的变种。

Espèce endémique 特有种

　　特有种是只在某个限定地理区域内自然存在的物种。

Espèce indigène 本地种

　　表示某个物种产于某地，也被称作天生源于某个环境或区域的物种（当地种）。

Éthique de l'environnement 环境伦理学

　　研究意识形态、文化、人类行为与环境和自然生物之间关系的一门哲学学科。环境伦理学在考察人-自然关系的同时，也努力考虑自然本身的需求。

Eutrophisation 富营养化

　　水体由于自然或人为原因摄入过多的营养物质后导致水环境的改变和恶化。

Évolution 演化

　　动植物后代在漫长地质时期中所发生的全部

---

① 下列只是所示概念的部分定义。

变化，并导致其具有了新的外形。

Famille 科

生物分类中，"科"位于"目"和"属"之间。

Fossile 化石

植物或动物的残骸或印记被埋入先前的岩石底层中，经过石化一直保存到当前地质年代。

Individu hybride 杂交个体

两个物种，纯种或不同种的个体之间通过自然或人工交配的方式产生的个体。根据其双亲基因组之间的差异，杂交物种可以具有或没有生育能力。

Marsupial 有袋类动物

没有发育完全胎盘的哺乳动物，其特点是雌性动物具有内藏乳头的育儿袋。有袋类动物组成了一个亚纲。

Mégafaune 巨型动物群

指大体形动物物种群体。

Paléontologie 古生物学

这门学科根据观察化石来研究地质年代过程中曾经存在过的生物或生命组织。

Population insulaire 岛屿种群

居住在或源于某个岛屿的种群。

Minimum viable population 最小存活种群

使某种群在接下来的 100 年间存活率达到 90% 所需的最小规模。

Pression anthropique 人为压力

人类活动对自然资源和生态系统所产生的所有作用。

Ressource halieutique 渔业资源

人类在海水或淡水环境中所利用的生物（动物和植物）资源。

Sous-espèce 亚种

生物分类中，位于种以下的一个分类单元，种具有共同特点，亚种则具有特异性。

Spécimen naturalisé 标本

经过处理，以便保存其自然外观的动物尸体。

Taxon 分类单元

在生物学上与群（group，某个整体分类中均匀的一部分）近似。

参考文献

动物物种灭绝方面的文献十分丰富，虽然绝大多数是英文作品。除了针对灭绝本身的生态学、哲学或历史学著作外，若干学者和有志之士已经出版了多本消失动物画册。在此基础上，还要加入很多篇针对某一灭绝物种或某一地理区域的专题著作。鉴于此类作品的译本十分稀少，《消失动物图鉴》一书的原书为法语读者提供了几则最具代表性的灭绝事件，并激励他们自发地去探索下列对本书大有裨益的作品。

生物多样性和物种灭绝方面的作品

- Alvarez Walter, *La Fin tragique des dinosaures*, Hachette, 1998 (1997).
- Barba ult Robert, *Un éléphant dans un jeu de quilles. L'homme dans la biodiversité*, Seuil, 2006.
- Blandin Patrick, *Biodiversité. L'avenir du vivant*, Albin Michel, 2010.
- Broswimmer Franz J., *Écocide. Une brève histoire de l'extinction en masse des espèces*, Parangon, 2003 (2002).
- Buffetaut Éric, Sommes-nous tous voués à disparaître ? Idées reçues sur l'extinction des espèces, Le Cavalier bleu, 2012.
- Chansigaud Valérie, *L'Homme et la nature. Une histoire mouvementée*, Delachaux et Niestlé, 2013.
- Delord Julien, *L'Extinction d'espèce. Histoire d'un concept et enjeux éthiques*, Muséum national d'histoire naturelle, 2010.
- Diamond Jared, *Le Troisième Chimpanzé. Essai sur l'évolution et l'avenir de l'animal humain*, Gallimard, 2000 (1992).
- Dorst Jean, *Avant que nature meure*, Delachaux et Niestlé, 2012 (1965).
- Dubois Philippe J., *Vers l'ultime extinction*?, éditions de la Martinière, 2004.
- Ellis Richard, *No Turning Back: The Life and Death of Animal Species*, HarperCollins Publishers, 2004.
- Gould Stephen J., « Le choc d'un astéroïde », *Quand les poules auront des dents*, Seuil, 1991 (1983), p. 373-387.
- Grundmann Emmanuelle, *Demain, seuls au monde*?, Calmann-Lévy, 2010.
- Leaky Richard et Lewin Roger, *La Sixième Extinction. Évolution et catastrophes*, Gallimard, 1999.
- Martin Paul S. et Klein Richard G. (dir.), *Quaternary Extinctions: A Prehistoric Revolution*, University of Arizona Press, 1989.
- Myers Norman, *The Sinking Ark: A New Look at the Problem of Disappearing Species*, Elsevier, 1979.
- Raup David M., *De l'extinction des espèces. Sur les causes de la disparition des dinosaures et de quelques milliards d'autres*, Gallimard, 1993 (1992).
- Turvey Samuel T. (dir.), *Holocene Extinctions*, Oxford University Press, 2009.
- Weidesaul Scott, *The Ghost With Trembling Wings: Science, Wishful Thinking and the Search for Lost Species*, North Point Press, 2002.
- Wilson Edward O., *L'Avenir de la vie*, Seuil, 2003 (2002).

动物画册和名录

- Balouet Jean-Christophe et Alibert Éric, *Le Grand Livre des espèces disparues*, éditions Ouest-France, 1989.
- Daublon Georges et Pariselle Jean-Marc, *À la rencontre des animaux disparus: plus de 100 espèces disparues ou très menacées*, Flammarion, 2004.
- Day David, *Vanished Species*, Gallery Books, 1989.
- Flannery Tim et Schouten Peter, *A Gap in Nature: Discovering the World's Extinct Animals*, Atlantic Monthly Press, 2001.
- Fuller Errol, *Extinct Birds*, Oxford University Press, 2001.
- Gourdin Henri et Joveniaux Alain, *Les Oiseaux disparus d'Amérique dans l'oeuvre de Jean-Jacques Audubon*, éditions de la Martinière, 2008.
- Hume Julian et Walters Michael, *Extinct Birds*, Poyser, 2012.
- Piper Ross, Cunha Renata et Miller Phil, *Extinct Animals: An Encyclopedia of Species That Have Disappeared During Human History*, Greenwood Press, 2009.
- Purcell Rosamond & al., *Swift as a Shadow: Extinct and Endangered Animals*, Houghton Mifflin, 1999.
- Rajcak Hélène et Laverdunt Damien, *Petites et grandes histoires des animaux disparus*, Actes Sud junior, 2010.
- Tennyson Alan et Martinson Paul, *Extinct Birds of New Zealand*, Te Papa Press, 2006.

书籍和专题文章（按物种分类）

斯比克斯金刚鹦鹉（Ara de Spix）：
- Juniper Tony, *Spix's Macaw: The Race to Save the World's Rarest Bird*, Washington Square Press, 2004 (2002).

原牛（Aurochs）：
- Daszkiewicz Piotr et Aikehenbaum Jean, *Aurochs, le retour... d'une supercherie nazie*, HSTES, 1999.

加州神鹫（Condor de Californie）：
- Snyder Noel et Snyder Helen, *The California Condor: A Saga of Natural History and Conservation*, Princeton University Press, 2000.

卡罗莱纳长尾鹦鹉（Conure de Caroline）：
- Snyder Noel F.R., The Carolina Parakeet: Glimpses of a Vanished Bird, Princeton University Press, 2004.
- Weatherford Carole Boston, *The Carolina Parakeet: America's Lost Parrot In Art And Memory*, Avian Publications, 2005.

斑驴（Couagga）：
- Gould Stephen Jay, « Une trilogie du zèbre », *Quand les poules auront des dents*, Seuil, 1991 (1984), pp. 415-454.

白暨豚（Dauphin du Yang-Tsé）：
- Turvey Samuel, *Witness to Extinction: How We Failed to Save the Yangze River Dolphin*, Oxford University Press, 2008.

渡渡鸟（Dodo）：
- Gould Stephen Jay, « Le dodo dans la course à la comitarde », *Les Coquillages de Léonard : réflexions sur l'histoire naturelle*, Seuil, 2001 (1998), pp. 245-264.

拉布拉多鸭（Eider du Labrador）：
- Chilton Glen, *The Curse of the Labrador Duck: My Obsessive Quest to the Edge of Extinction*, Simon & Schuster, 2005.

大海雀（Grand pingouin）：
- Fuller Errol, *The Great Auk*, Harry N. Abrams Inc., 1999.
- Gaskell Jeremy, *Who Killed the Great Auk?*, Oxford University Press, 2000.
- Gourdin Henri, *Le Grand Pingouin (Pinguinus impennis, – 500 000 – 1844): biographie*, Actes Sud, 2008.

垂耳鸦（Huia）：
- Phillips W.J., *Book of the Huia, Whitcombe and Tombs limited*, 1963.

鸮鹦鹉（Kakapo）：
- Cemmick David et Veitch Dick, *Kakapo Country: The Story of the World's Most Unusual Bird*, Hadder and Stroughton, 1987.

日本狼（Loup de Honshu）：
- Walker Brett L., *The Lost Wolves of Japan*, University of Washington Press, 2008.

猛犸象（Mammouth）：
- Cohen Claudine, *Le Destin du mammouth*, Seuil, 2004 (1994).

大角鹿（Mégacéros）：
- Gould Stephen Jay, « L'élan d'Irlande : mal nommé, mal traité, mal compris », *Darwin et les grandes énigmes de la vie*, Seuil, 1984 (1977), pp. 81-93.

恐鸟（Moa）：
- Anderson Atholl, *Prodigious Birds: Moas and Moa-Hunting in Prehistoric New-Zealand*, Cambridge University Press, 2003 (1989).
- Wolfe Richard, *Moa: The Dramatic Story of the Discovery of a Giant Bird*, Penguin Books, 2003.

粉头鸭（Nette à cou rose）：
- Nugent Rory, *À la recherche du canard à tête rose*, Viviane Hamy, 1980.
- Tordoff Andrew W. & al., « The historical and current status of Pink-headed Duck Rhodonessa caryophyllacea in Myanmar », *Bird Conservation International*, vol.18, 2008, pp. 38-52.

日本海狮（Otarie du Japon）：
- Yato Kumi, "Love You to Death: Tale of Two Japanese Seals", The Environmentalist, vol. 24 (3), septembre 2004.

洞熊（Ours des cavernes）：
- Kurten Bjorn, The Cave Bear Story: Life and Death of a Vanished Animal, Columbia University Press, 1995 (1976).

极乐鹦鹉（Perruche de Paradis）：
- Olsen Penny, Glimpses of Paradise: the Quest for the Beautiful Parakeet, National Library of Australia, 2007.

加勒比僧海豹（Phoque moine des Caraïbes）：
- Adam Peter J., « Monachus tropicalis », *Mammalian Species*, vol.747, pp. 1-9.

象牙嘴啄木鸟（Pic à bec d'ivoire）：
- Jackson Jerome A., In Search of the Ivory-Billed Woodpecker, Harper Perennial, 2006.
- Tanner James T., The Ivory-Billed Woodpecker, Dover Publication Inc., 2003 (1942).

帝啄木鸟（Pic impérial）：
- Lammertink Martjan & al., « Film documentation of the probably extinct imperial woodpecker (Campephilus imperialis) », The Auk, vol.128(4), 2011, pp. 671-677.

旅鸽（Pigeon migrateur）：
- Leopold Aldo, « À propos d'un monument au pigeon », Almanach d'un comté des sables, Aubier Montaigne, 1996 (1949), pp. 144-148.
- Leopold Aldo, Schorger A.W. Et Jackson Hartley H.T., Silent Wings : A Memorial to the Passenger Pigeon, Wisconsin Society for Ornithology, 1947.
- Schorger A.W., The Passenger Pigeon: Its Natural History and Extinction, Blackburn Press, 2004 (1955).

袋狼（Thylacine）：
- Mittelbac h Margaret et Crewdson Michael, *Carnivorous Nights : On the Trail of the Tasmanian Tiger*, Villard Books, 2006.
- Owen David, *Tasmanian Tiger: The Tragic Tale of How the World Lost Its Most Mysterious Predator*, The John Hopkins University Press, 2004 (2003).
- Paddle Robert, *The Last Tasmanian Tiger: The History and Extinction of the Thylacine*, Cambridge University Press, 2002 (2000).

虎（Tigres）：
- Farrac hi Armand, *L'Adieu au tigre*, éditions Imho, 2008.

爪哇麦鸡（Vanneau hirondelle）：
- Van Balen S. et Nijman Vincent, « New information on the Critically Endangered Javanese Lapwing *Vanellus macropterus*, based mainly on unpublished notes by August Spennemann (c.1878-1945) », *Bird Conservation International*, vol.17, 2007, pp. 225-233.

专题作品（按地理区域分类）

澳洲（Australie）：
- Flannery Tim, *The Future Eaters: Ecological History of the Australasian Lands and People*, Reed Books Australia, 1994.
- Johnson Chris, *Australia's Mammal Extinctions: A 50 000 Year History*, Cambridge University Press, 2006.

关岛（Guam）：
- Savidge Julie A., « *Extinction of an island forest avifauna by an introduced snake* », Ecology, vol.68(3), 1987, pp. 660-668.

马斯卡林群岛（Mascareignes）：
- Cheke Anthony et Hume Julian, *Lost Land of the Dodo: An Ecological History of Mauritius*, Réunion and Rodrigues, T&AD Poyser, 2008.

新西兰（Nouvelle-Zélande）：
- Wilson Kerry-Jane, *Flight of the Huia: Ecology and Conservation of New-Zealand's Frogs, Reptiles, Birds and Mammals*, Canterbury University Press, 2004.
- Worthy Trevor, *Holdaway Richard et Morris Rod, The Lost World of the Moa: Prehistoric Life of New-Zealand*, Indiana University Press, 2002.

有关某消失物种的作品和小说

象鸟（Oiseau-éléphant）：
- Wells H.G., *L'Île de l'Aepyornis*, 1905.

极北杓鹬（Courlis esquimau）：
- Bodsworth Fred, *Last of the Curlews*, 1955.

猛犸象（Mammouth）：
- London Jack, Un survivant de la préhistoire, 1901.

大海雀（Grand pingouin）：
- Dale Darley, The Great Auk's Eggs, 1886.
- Eckert Allan W., The Great Auk, 1963.
- France Anatole, L'Île des pingouins, 1908.
- Kinsley Charles, The Waterbabies, 1863.

猛犸象、大角鹿和洞熊（Mammouths, mégacéros
et ours des cavernes）：
- Conan Doyle Arthur, Le Monde perdu, 1912.
- London Jack, Avant Adam, 1907.
- Rosny aîné, La Guerre du feu, 1911.
- Rosny aîné, Le Félin géant, 1918.

旅鸽（Pigeon migrateur）：
- Eckert Allan W., *The Silent Sky: The Incredible Extinction of the Passenger Pigeon*, 1965.

图片来源

左幅插图作者：
丽纹双门齿兽：*Diprotodon optatum*
© 伦敦自然历史博物馆

洞熊：*Ursus spelaeus*
© Natural History Museum, London.

大角鹿：*Megaloceros*
© Natural History Museum, London.

渡渡鸟：*Raphus cucullatus*
© G. Bièvre / UvA, Bijzondere Collecties/
Boijmans Museum in Rotterdam NL.

塔希提矶鹬：*Prosobonia Leucoplera*
©George Edward Lodge

罗岛鞍背陆龟：*Cylindraspis vosmaeri*
© Florilegius/Leemage

蓝背弯角羚：*Hippotragus leucophaeus*
©Robert Jacob Gordon

笠原朱雀：*Carpodacus ferreorostris*
©John Gerrard Keulemans

库赛埃岛辉椋：*Aplonis corvina*
©Heinrich von Kittlitz

牙买加巨草蜥：*Celestus occiduus*
© Florilegius/Leemage

大海雀：*Pinguinus impennis*
© John Gerrard Keulemans

白足澳洲林鼠：*Conilurus albipes*
© 伦敦自然历史博物馆

白令鸬鹚：*Phalacrocorax perspicillatus*
© Natural History Museum, London.

留尼汪椋鸟：*Fregilupus varius*
© John Gerrard Keulemans

诺福克卡卡鹦鹉：*Nestor productus*
©John Gerrard Keulemans

古氏拟鼠：*Pseudomys gouldii*
©John Gould

开普狮：*Panthera leo melanochaitus*
© Florilegius/Leemage

沙氏秧鸡：*Gallirallus sharpei*
版画中表现的是红眼斑秧鸡
© Buffon

新西兰鹌鹑：Coturnix novaezelandiae
© Charles Joseph Hullmandel

拉布拉多鸭：Camptorhynchus labradorius
© John James Audubon

喜马拉雅鹑：*Ophrysia superciliosa*
© P. Dougalis

南极狼：*Duscyon australis*
© Georges R. Waterhouse

斑驴：*Equus quagga quagga*
© Nicolas Marechal

古巴三色金刚鹦鹉：*Ara tricolor*
© John Gerrard Keulemans

夏威夷监督吸蜜鸟：*Drepanis pacifica*
©F.W.Frohawk, 出版商无法联系到图片版权方

长尾弹鼠：*Notomys longicaudatus*
© John Gould

马岛巨稻鼠：*Megalomys desmarestii*
© Titwane

新西兰鸫鹟：*Turnagra capensis* 和 *Turnagra
tanagra*
© Titwane

日本狼：*Canis lupus hodophilax*
© 伦敦自然历史博物馆

镰嘴垂耳鸦：*Heteraclocha acutirostris*
© John Gerrard Keulemans

布氏斑马：*Equus burchellii burchellii*
© James Cremer.

笑鸮：*Sceloglaux albifacies*
© J.G. Keulemans

硕绣眼鸟：*Zosterops strenuus*
© John Gould

极乐鹦鹉：*Psephotellus pulcherrimus*
© John Gould

袋狼：*Thylacinus cynocephalus*
© John Gould

爪哇麦鸡：*Vanellus macropterus*
© Nicolas Huet le Jeune, Jean-Gabriel Prêtre

雷仙岛秧鸡：*Porzana palmeri*
© John Gerrard Keulemans

象牙嘴啄木鸟：*Campephilus principalis*
© John James Audubon

粉头鸭：*Rhodonessa caryophyllacea*
© Henrik Grönvold

日本海狮：*Zalophus japonicus*
© Siebold

加勒比僧海豹：*Monachus tropicalis*
© George Brown Goode

帝啄木鸟：*Campephilus imperialis*
© M. Delahaye

丛异鹩：*Xenicus longipes*
© Charles Joseph Hullmandel

关岛阔嘴鹟：*Myiagra freycineti*
© DR : Anne F. Maben/DAWR

巴氏朴丽鱼：*Haplochromis bareli*
© Inge van Noortwijk et Martien van Oijen

极北杓鹬：*Numenius borealis*
© Henry Eeles Dresser

考艾岛吸蜜鸟（和夏威夷吸蜜鸟）：*Moho nobilis*
© John Gerrard Keulemans

Moho braccatus
© Walter Rothschild

基多斑蟾：*Atelopus ignescens*
© Albert Charles Lewis Günther

姬伞鸟：*Calyptura cristata*
© William Swainson

短镰嘴雀和大绿雀：*Hemignathus lucidus et Hemignathus ellisianus*
© John Gerrard Keulemans

细嘴杓鹬：*Numenius tenuirostris*
© Elizabeth Gould & Edward Lear 1830 / Naumann

爪哇犀牛：*Rhinoceros sondaicus*
© H. Schlegel

鸮鹦鹉：*Strigops habropitila*
© John Gerrard Keulemans

斯比克斯金刚鹦鹉：*Cyanopsitta spixii*
© Joseph Smit

图书在版编目（CIP）数据

消失动物图鉴 /（法）吕克·塞马尔（Luc Semal），
（法）扬尼克·富里耶著；张雨姗译. -- 福州：海峡书局，
2023.4（2024.7 重印）
书名原文：bestiaire disparu：Histoire de la
dernière grande extinction
ISBN 978-7-5567-1036-2

I.①消... II.①吕... ②扬... ③张... III.①动物 -
濒危物种 IV.① Q95-49

中国版本图书馆 CIP 数据核字（2022）第 257139 号

著作权合同登记号 图字：13-2023-011 号

BESTIAIRE DISPARU by Luc Semal & Yannick Fourié
©2013, Éditions Plume de carotte (France)
Current Chinese translation rights arranged through Divas International, Paris
巴黎迪瓦国际版权代理（www.divas-books.com）

本书图书中文版权归属于银杏树下（北京）图书有限责任公司

著　者　[法]吕克·塞马尔 扬尼克·富里耶
译　者　张雨姗
出品人　姚映然
选题策划　后浪出版公司
编辑统筹　郝明慧　特约编辑　崔晋
责任编辑　蔡彬夏　营销推广　ONEBOOK
审读　王佳睿　装帧制造　墨白空间
出版统筹　吴兴元　美术编辑　梁全威
　　　　　　　　　　　排版　黄婕菲 刘伟

消失动物图鉴
XIAOSHIDONGWU TUJIAN

出版发行　海峡书局
社　址　福州市白马中路 15 号海峡出版发行集团 2 楼
邮　编　350004　印　刷　河北中科印刷科技发展有限公司
开　本　635 mm × 965 mm 1/8
印　张　20.5　字　数　134 千字
版　次　2023 年 4 月第 1 版　印　次　2024 年 7 月第 2 次印刷
书　号　ISBN 978-7-5567-1036-2　定　价　150.00 元

读者服务　reader@hinabook.com 188-1142-1266
投稿服务　onebook@hinabook.com 133-6631-2326
直销服务　buy@hinabook.com 133-6657-3072